読まれる・稼げる

ブログ術大全

「ヨッセンス」管理人
プロブロガー **ヨス** [著] **染谷昌利** [監修]

日本実業出版社

はじめに

ブログに対する誤解

　こんにちは。ブログからの収益で生活をしているプロブロガーのヨスと申します。

　2017年から「副業」という言葉をしきりに耳にするようになりました。そして、その副業のなかに「ブログ」という選択肢があります。

「ブログって日記を書いていたらいいんでしょ？」
「ブログって稼げるんでしょ？」
「ブログって誰でもできるんでしょ？」

　こういう「オイシそうな話」を耳にしてブログに興味を持つ人も多いでしょう。
　これらの認識はある意味では合っていますが、わたしに言わせると「大間違い」です。実際に毎日毎日、数え切れないほどの人たちがブログをはじめては、数週間〜数か月で挫折しています。なぜでしょうか？
　それは、**適当に日記を書いていればお金になるわけではないからです**。
　このことは、わたし自身が何度も挫折をした経験があるので、よ〜く理解しています。ではまず、そんな「ブログで挫折した」というわたしの経験からお話ししましょう。

　わたしがブログの存在を知ったのは、20年ほど前のことです。友人が「ブログをはじめてみたよ！」と、ブログというものを知らなかったわたしに見せてくれました。このときは「フーン」と思っただけで、まったく興味をもちませんでした。

実際にブログに興味を持ったのはその5年後ぐらいでしょうか。テレビでアメリカの高校生か大学生だったと思いますが、**「ブログに表示している広告からの収益だけで生活している」**という話を知ったのです。それを知って、「マジかっ！」と思いました。

ブログをはじめたけれど「続かない」という挫折

　ところが、面倒くさがり屋のわたしは、「いいなぁ」と思いながらも、実際にブログをはじめませんでした……ダメダメですね。人生ではじめてのブログを開設したのはさらに数年後で、会社員（オンラインショップ店長）をしていたころでした。

　開設したのは、誰でも無料ではじめられる「無料ブログ」と呼ばれるものです。けれども20投稿ほどしてやめてしまいました。**アクセス数もいっこうに増えないし、飽きてしまったのです。**今振り返るとそれほど気持ちが入っておらず、やめても痛くもかゆくもなかったことが一番の原因だったと思います。

　その後、WEB制作で独立していこうと決意して会社員を辞め、それと同時に新しくブログを開始しました。今度は「本気でやっていこう」と決心し、お金を出してサーバーを借り、ブログの独自ドメイン（ https://yossense.com/ ）も取得しました。それがのちに月に100万回以上読まれるほどに成長した「ヨッセンス」というブログです。

　ところがです！　**プロフィールを書いたことで満足してしまい、すぐにやめてしまいました。**なんだかんだ言いながらも、本職として受けていた「WEB制作の仕事」が忙しかったこともあります。つまり、お金を払ってまではじめたブログですら、たった1日でやめてしまったのです！　「忙しい」という「もっともらしい理由」によって……。

4か月後に奇跡的にブログを再開

　お金を出してまではじめたブログでしたが、あっという間にその存

在を忘れ、毎日がすぎていました。ところが、4か月後に想像もしていなかったことが起こったのです。

「バセドウ病」という重い病気を発症し、病状も悪かったので入院する羽目に……。人生は予想できないことが起こりますね。ただ運がいいことに、バセドウ病は治療法が3つも確立されている病気なので、入院後はすぐに症状がよくなりました。そこで入院中に気づいたのです。**病気によって、「好きなことを自由にできる時間」を手に入れたことに。**

そして、「そういえばブログをやっていたよな」と4か月前に開設したブログ「ヨッセンス」のことを思い出し、病院のベッドの上で再開しました。その後、地道にブログを書き続けたおかげで現在の自分がいます。

ブログは書かなければはじまらない！

さて、ちょっと長くなりましたが、なぜこの話をしたのかというと、**「ブログは書かなければはじまらない！」**ということをお伝えしたかったからです。

現在、わたしはブログを起点として入ってくる収益だけで、家族5人が不自由なく暮らせています。でも先ほど書いたように、**病院でブログを再開していなければ今の生活はなかった**のです。あのとき、ブログを再開していなかったらと思うとゾッとします。

本書では、7年間ブログを書き続けて得た知識やテクニックなどを惜しみなくまとめています。

2015年からは「ヨッセンスクール ブログ科」というオンラインコミュニティで、**ブログを本気で書いている人たち延べ700名以上に書き方を教えてきました**。挫折経験から、初心者がつまずきやすいことや、知っておくべきことも熟知しており、本書でくわしくお伝えしていきます。

ブログには大きな可能性があります。そして、なにより夢がありま

す。でも、**ブログをはじめないかぎり、続けないかぎり、その可能性はゼロのまま**です。

　この本がブログを続けるモチベーションになれば、そしてブログのアクセス数、ブログからの収益が増えることになれば、これ以上にうれしいことはありません。

プロブロガー　ヨス（矢野洋介）

こんにちは!!
この本の著者
ヨスです

本書では
わたし自身が描いた
イラストとともに
ご案内いたします!!

はじめに

Chapter 03　わかりやすい文章を書くためには?

Chapter 04　1画面に見える文章は「少なく見せる」

Chapter

07 過去記事は宝の山

Chapter

08 ブログで稼ぐには どんな方法があるの？

Chapter 09 これってNG？「初心者失敗あるある」

Chapter 10 継続するために知っておきたい6つの鉄則

本書を読む前に

　本書では「WordPress（ワードプレス）」という言葉が登場します。WordPressというのは、「自分だけのブログを書く場所」です。WordPressは、無料でブログをはじめられる「アメーバブログ」「はてなブログ」などと違い、自分のブログを書くための場所をインターネット上に設置する必要があります。

　「無料ブログとWordPressの違い」についてはChapter 01でも解説していますが、本書ではWordPressを使ったブログを推奨しています。

　本書のなかでもWordPressの使い方を画面ショットとともに少し言及していますが、「WordPressでブログをはじめる方法」についてはページの都合上、収めることができませんでした。代わりとして、入りきらなかった情報は、下にある「QRコード」から行ける「特設ページ」にてご用意しました。

　さらに、特設ページには、本書に収め切れなかった「Chapter 12 ブログに挫折しないためのQ&A」も「特典ダウンロードPDF」としてご用意しております。

　ブログの初心者からよく聞く質問と、その回答をまとめていますので、ぜひご覧になってください。

https://yossense.com/2020-cgtb/

カバーデザイン
植竹 裕（UeDESIGN）

本文デザイン
浅井寛子

イラスト
ヨス

ブログの「特性」を
知っていると
挫折しない！

ブログをはじめても、
多くの人はまったくアクセス数が伸びません。
その理由は、「ブログの特性」を知らないから。
Chapter 01では、読まれるブログを
作るために知っておきたい
「ブログというメディアの持つ本質」
についてくわしく紹介します。

01 ブログは日記ではなく「情報発信」ツールである

ブログを訪問する読者は、なにかの情報を求めてあなたのサイトにたどりつく。独りよがりの日記ではなく、きちんと読み手を考えた「情報」を発信することを心がけよう。

ブログの特性を知らないと、アクセス数は伸びていかない

　本書を手にしているということは、ブログを通していろいろな夢や希望を持たれていることでしょう。たとえば「人気ブロガーになりたい」や「副業で毎月10万円稼ぎたい」というような。

　ところが、ほとんどの人はブログをはじめても**アクセス数も収益も伸びる気配がありません。**その人たちに能力がないのならあきらめるしかないのですが、多くの場合はそうではないのです。

　原因は、ただ単に**「ブログの特性」**を知らないこと。「ブログはこういうもの」という特性を知らないため、**「読まれない記事」をがんばって量産**してしまうからです。

　ブログを書き続けるには時間も頭も使うので、努力の方向が間違ってしまうとツライですよね。結果として、検索結果で上位に来ないし、誰にも読まれないブログになります。その結果、モチベーションも下がり、挫折してしまうことが多いわけです。

「誰かに読まれること」を意識すると文章が変わる

　わたしがブログを開始（厳密にはブログを再開）してから2020年8月で7年半になりました。その間、ブログを書いたことのない人に「ブログって日記でしょ？」と何度も言われてきましたが、**ブログは**

日記ではありません。

日記とブログの違い
- 日記………机の引き出しに入れておいて自分しか読まないもの
- ブログ……ネットを使えば誰でもアクセスできるメディア

この2つには、天と地ほどの差があります。つまりブログは「**人に読まれる媒体**」なのです。ブログは自由に書いていいのですが、「第三者に読まれる」ということを本質的に理解してください。

では、「自分以外の人にも読まれる」という意識がないとどんなブログになるのでしょうか？　まず、他人が読まないことが前提だと、「自分がわかること」が基準になります。日曜日に、お昼すぎまでついパジャマですごしてしまうような感じに似ています。そんな気分で書いた記事は、**文法も適当で誤字も多いし、そもそもなにが言いたいのかわからない文章に……**。

もし「ブログは人に読まれる」ということを理解していれば、まず一度書いた文章を見直すでしょう。読みづらい箇所や、誤字があればすぐに直すでしょう。

あとのChapterでくわしく紹介しますが、ブログの文章は「投稿したあとでも自由に直せる」という特性があります。**前日に書いた文章を読み返してみて、こっそりと直す**……というのもアリなのです（わたしは頻繁にやっています）。

読者は知りたい「情報」を求めている

そしてよく誤解されているのですが、**読者のほとんどはGoogleなどで検索してあなたのブログにたどりつきます**。記事の更新をいつも楽しみに待っているという人は、割合で見ると超少数派なのです。「読者のほとんどは検索から来る」という事実を考えてみると、「読者は

情報を求めている」と言えます。

　読者は、**あなたの書く日記を楽しみにして検索しているわけではありません。**これは、ネットで検索するときに置き換えて考えてみると理解できるはずです。たとえば「知らない人の日記を読みたいな」と思って「40代　ブロガー　日記」のような検索をしたことはありますか？　おそらく99％の人はないはずです。

　では、検索するときはどんなキーワードを検索窓に入力しますか？

「バスケ　シュートの打ち方」
「ディズニーランド　行き方」
「英語　L　発音」

　きっとこのような検索ワードですよね？　つまり、誰かの日記を読みたいから検索するのではなく、「質問（疑問）への回答」がほしいから検索するわけです。**誰かの「日記」ではなく「知りたい情報」を求めている**のです！

　読者は疑問への回答がほしくて検索している

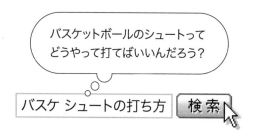

　バスケットボールのシュートの打ち方を調べたくて検索したのに、「練習のあとで寄ったカフェ」の話で盛り上がった日記を読んでも満足するはずがありません。一緒にバスケをした友人Aのキャラクターについて語った日記を読んでも満足できません。

　ブログを読みに来る人のほぼ全員は、**「検索するとき」に目的を持っ**ていて「情報」を求めているのです。読者が検索するときの目的は「検索意図」と呼ばれています。

　実は本書を読んでいると、この「検索意図」という言葉を何度も何度も目にすることになります。「しつこくない？」と思われるおそれもありますが、それでも「検索意図」について書き続ける理由は、これが**ブログにアクセスが集まるかどうかのカギ**だからです。
「昨日、友達とバスケをしました」という日記ではなく、「バスケのシュートのコツとは？」のような**「検索意図に対する回答（＝情報）」**に転換できないかを常に考えましょう。

日記記事は書いちゃダメなの？

　読者は自分が知りたい情報を求めている……というと、「じゃあ、日記は書いちゃダメなの？」と疑問がわくかもしれません。たとえば、「ブロガーのヨスが朝ごはんにピザを食べて、午前に病院に行って、ランチにうどんを食べた」みたいな日記記事、読みたいですか？　自分で言うのもなんですが、面白そうに思えません。

　ところが日記でも、芸能人、スポーツ選手などの「有名人」だけは特別枠です。有名なブログサービス「アメーバブログ」の場合、有名人が数行だけ書いた日記が多いので、目にしたことのある人も多いでしょう。
　実は有名人の場合は、日記を書いても高い需要があります。日記を書いて1日で数百万回以上読まれている人もいるほどですが、日記でもアクセス数を稼ぐことができる人は、**その人の存在自体が興味対象になっている**のです。「ランチで味噌ラーメンを食べました」というたった1行の日記でも「あの人でも味噌ラーメンを食べるのか！」と読者（ファン）は面白がるのです。その人自体にブランドがあれば、**「なにが書かれているか？」よりも「誰が書いているか？」に価値が出て**

くるという意味ですね。

　ウラを返せば、その人自体がブランドとして認知されていないかぎり、日記記事の需要は「かぎりなくゼロ」と言えます。もちろん、一般人でもファンが増えてきたら需要は出てきますが、初心者が「アクセス数を増やす」「ブログで稼ぐ」という目的でブログをはじめたとき、日記記事はなにも貢献してくれません。

　まずは「検索意図」を意識して、読者の求める「情報」を書いていきましょう。

■ Check!

☐　ブログは誰かに読まれる媒体
☐　読者は情報を求めてあなたのブログにやってくる

02 読者はあなたには 1ミクロンも興味がない?

読者はあなたのことを知らないからこそ、あなたにしか書くことができない「らしさ」を出すことを意識しよう。

読者は常に「戻るボタン」を押す準備をしている

「ブログの読者は情報を求めている」という話をしましたが、さらに衝撃の事実をお伝えしましょう。**検索からあなたのブログにたどりついた人は、あなた個人に1ミクロンも興味がありません。**

ガッカリするかもしれませんが、あなたのブログを読みたいから来たのではなく、情報を知りたくてたどりついた先が、**たまたまあなたのブログだっただけ**。これが現実なのです。

疑問の答えを知りたくて検索し、あなたのブログを偶然おとずれただけなのに、冒頭に「更新サボってすみません。1か月ぶりに書きました!」なんて書いてあったらどうでしょうか?

読者があなた個人に興味がないということは、**情報さえ手に入ればどのブログでもよかった**ということです。そんな人がもし「このブログ、わかりづらいなぁ」と感じたら、どうすると思いますか? ブラウザの「戻るボタン」を押して、一瞬でGoogleなどの検索エンジンに戻ることでしょう。そして、もっとわかりやすい記事を求めて、別のブログ、WEBサイトに行くのです。ほしいものは「情報」ですから。つまり、**読者は常にブラウザの「戻るボタン」を押す準備をしている**と思っていてください。いえ、この表現でも生ぬるいかもしれません。「戻るボタンを押したくてウズウズしている」という認識でもいいぐらいです。

「あなたに興味がない人」に興味を持たせるには？

では、どうすればあなた自身に興味を持ってもらえるのでしょうか？　「**興味を持たれるような文章**」を心がけるしかありません。どんな文章かというと、次のような「あなたらしさ（個性）」を存分に出した文章です。

あなたらしさ（個性）とは？
- 感情……あなたが感じたこと
- 主観……あなただけの視点
- 体験……あなたが実際に体験したこと
- 発想……あなたが思いついたこと

「お店でランチを食べた」という記事なら、たとえば「接客を見て思ったこと」「内装の柱時計がスゴイ！」など、思ったことを書き、**ほかの人では書けない「自分らしさ」のエッセンス**を加えましょう。

つまり、主観的な意見を挿入するということです。あなたの個性に興味を持ってもらい、ファンになってもらえれば、**今度はあなたのブログの名前を検索して、「あなたの記事を読むため」にリピーターとして訪問してくれる**。わたしは、こういうブログになるのが理想だと思って運営しています。

■ Check!

☐　読者は常にブラウザの「戻るボタン」を押す準備をしている
☐　ほかの人では書けない「自分らしさ」のエッセンスが必要

03 ブログのすべてのページは 「入り口」である

読者は検索からあなたのブログにたどりつく。でも、どこのページにやって来るのかはわからない。どのページから見てもらってもいいように、記事を仕上げることが大切。

「ほかの記事を読まなければわからない表現」はNG

　読者は、最初にあなたのブログの「どのページ」にたどりついていると思いますか？　なんとなく、ブログの「トップページ」に来てからほかの記事を読む……と思ってしまいそうですが違います。

　前節で「読者のほとんどは検索からやって来る」と述べましたが、検索する内容はその人によって違うため、**入り口となるページはさまざまでしょう。**

　たとえば「バスケ　シュートの打ち方」という検索ワードであなたのブログにたどりついた人にとっては、「バスケのシュートについて説明している記事」が入り口になります。「ディズニーランド　行き方」で検索した人にとっては、「ディズニーランドに行く方法」という記事が入り口になるでしょう。

　つまり、検索ワードによって読者がたどりつく入り口のページが違うため、**ブログにあるすべてのページが入り口になる**のです。

「ほかの記事を読まなければわからない表現」はNG

　この事実とあわせて知っておきたいのが、検索から来る人のほとんどは**はじめてあなたのブログにたどりつく**ということ。そのため、「ほ

かの記事を読まなければわからない表現」や「内輪的な表現」はやめましょう。たとえば、こんな文があったらどうでしょうか?

【 NG例 】内輪にしかわからない表現

いつもお馴染みP氏と一緒に例のお店に行って来ました!

「P氏って誰? 例のお店ってどこ?」というツッコミをせずにはいられません。せめて「P氏」や「例のお店」の文字をクリックすると「それについてのくわしい記事」にリンクで飛ぶのならまだいいのです。でも、それがなければモヤモヤした気持ちになります。どうしても内輪ネタを書かずにはいられないときは、はじめてたどりついた人でもわかるように次のように説明しましょう。

【 改善例 】はじめて来た人にもわかる表現

愛犬(チワワ)のP氏と一緒に、最近お気に入りの焼き鳥が激ウマの居酒屋「ヨス屋」に行ってきました!

「P氏は犬やったんかいっ!」というツッコミ、ありがとうございます。

■ Check!

☐ 読者はどのページから入ってくるかはわからない
☐ やって来る読者は「はじめての人」という認識を持とう

04 読む人が「知っていること」には差がある

全世界に発信しているあなたのブログは、実は読者を選べない。訪問してくれる人が戸惑わない情報内容、文章の書き方を意識しておこう。

すべての人が100％知っている情報はない

　ブログを読んでくれる人はどんな人なのでしょうか。1つわかっているのは、「その記事に書いてある情報を求めている」ということです。それ以外はどうでしょうか？

　海外在住の人、犬好き、テレビ嫌い、野球好き……まさに十人十色で、どんな人が読むかなんてわかりません。つまり、**「読む人が知っていること（既有知識）には差がある」**と言えます。

　たとえば、東京に住んでいる人なら新宿がどんな町か、渋谷がどんな町か知っていることでしょう。でも東京に興味がない人、行ったことがない人にとっては、「テレビでよく見るスクランブル交差点は渋谷駅の前にある」ということすら知りません。

　つまり、**すべての人が100％知っている情報はほぼ存在しない**と言えます。わたしは車の種類はベンツ、カローラぐらいしかわかりませんし、プロ野球の球団もJリーグのチームも、半分もわかりません。なぜかというと、興味がないからです。

　人間は興味のないことに対しては、ほかの人が「ありえない」と思うレベルで無知なのです。でもプロ野球が好きな人の場合、「全球団を知っているぐらい常識ですよね♪」というような文章を書いてしまうのです。プロ野球の球団は知っている人のほうが多いのかもしれませんが、記事を書く前に自分の持つ「常識」を疑ってみてください。

その記事は誰に向けて書いていますか？

　ただし、なんでもかんでも丁寧に書けばいいというわけではありません。**パソコンがある程度使える人しか読まない記事**なら、こんな説明は邪魔になります。

> ### 【NG例】 読者が違和感を持つほど丁寧
>
> **この文言を選び、キーボードの「Ctrlキー」を押しながら「C キー」を押してコピーしましょう。そして、「Ctrlキー」を押しながら「Vキー」でペーストしてください。**

「この文言をコピペしましょう」で十分です。つまり、**今書いている記事について「どんな人が対象なのか？」を見極めておく**のです。

「専門用語」についても敏感になる必要があります。わたしの経験では、専門的知識がある人ほど、専門用語を「誰でもわかる」と思い込む傾向があると感じています。日常で呼吸をするように「難しい言葉」を使いこなしているからでしょう。

　残念ながら、初心者向けの記事なのに専門用語を連発してしまうと、**「なにを書いているのかわからないヘタな記事」と思われてしまう**のです。読む人に伝わるような言葉で記事を書きましょう。

■ Check!

□ 「自分の常識」は「読者の常識」とは違う

□ 初心者向けの記事なのに専門用語を連発しない

05 ブログはいつでも
書き直しができる媒体

**一度書いた文章をいつでも直せるのはブログの利点。
だからといって、間違ったこと、誹謗中傷などを書くと
大変なトラブルのもとになる。**

「あとで直す」という前提で気軽に投稿しよう

　メールや印刷物の文章には「ミスを発見しても直せない」という特徴があります。仕事でメールを送ったあと、「相手の名前が間違っていた！」と青ざめた経験はないですか？

　ところが、ブログの文章ならミスを見つけた瞬間、直せます。こんな革命的な媒体は、いまだかつてありませんでした。そう考えると、ブログを書くときのハードルが低くなりませんか？

　最初から完璧を求めずに、**「あとで直せるし、とりあえず投稿しよう！」**と思って投稿すればいいのです。「読者が満足する記事を書くこと」は重要ですが、そんなことばかり考えているとしんどくなりますよね。「あとで直す」という前提で「えいやっ！」と投稿ボタンを押してしまいましょう。

「他人の誹謗中傷」は気軽に投稿してはいけない

　ただし、注意してほしいのは「他人の誹謗中傷」です。ニュースを見て、「あの政治家はバカだ！」というような罵倒だらけになった記事を感情にまかせて勢いで書いたとします。でも、公開するのは踏みとどまってください。

　先ほど「とりあえず気軽に投稿しましょう」と言いましたが、次の4点には気をつけてください。

気をつけたい投稿

- 他人の誹謗中傷になっていないか？
- 道徳的におかしなことを書いていないか？
- 犯罪（法的に問題）になるようなことを書いていないか？
- ウソを書いて読者をだましていないか？

　投稿された記事がSNSで拡散されると多くの人の目にとまります。もし、誰かがその画面を保存してしまうと、**元の記事を訂正してもネット上に記録として永遠に残ってしまいます**。「バカ」と書くだけでも、「名誉毀損」に発展しかねません。書くとしても政治家個人を罵倒するのではなく、その「政策」に対して意見をぶつけましょう。

　ほかにも、ブログやSNSで「オレ中学生だけど、いま飲酒運転してるぜ！」などと書いたとしましょう。この文に対して多くの人が「おいおいダメだろ！」のように反応し、批判とともに拡散されてしまうことがあります。

　このような現象は「炎上」と呼ばれますが、**炎上すると内容によっては大変なことになります**。法律に触れている場合は逮捕されますし、そこまでいかなくても会社を解雇されたり、社会的な制裁を受けたりして、構築してきた信頼を一気に失うこともあるでしょう。「発信すること」へのハードルが低くなった反面、思いがけない投稿でまわりの人に迷惑をかける可能性もあります。

　ブログはいつでも簡単に直せる媒体ですが、内容によっては取り返しがつかなくなるということも覚えておいてください。

■ Check!

- □ 気軽に投稿できるのは利点だが、内容はネット上に永遠に残る
- □ 軽はずみな投稿で社会的制裁を受けてしまう例もある

06 ブログの目的は「読者に満足してもらうこと」

「差別化して目立ちたい」という考えでは読者が置き去りになる。読者目線に立ち、わかりやすく情報を伝えることに徹しよう。

文章表現もデザインも読者のために

少し大げさな話に聞こえるかもしれませんが、ブログの目的について考えてみましょう。「人気者になりたい」「稼ぎたい」など、ブログで果たしたい目的は多様だと思いますが、すべてのブログの第一の目的は共通なのです。それは**「記事を読んだ人に満足してもらうこと」**。

読者は情報がほしいからあなたのブログに来ているだけですから。

読者に満足してもらうためには文章の「わかりやすさ」はもちろん重要です。これについてはChapter 03でくわしく書いているので、ここでは「デザイン」に目を向けてみましょう。

自分のブログのデザインは「カッコよくしたい」「個性を出したい」と思いがちです。でも、**その気持ちは「読者に満足してもらう」という目的に沿っているかどうか**を考えてみてください。

「読者を満足させる」という目的を見失ってしまうと、デザインの向かうべき方向を見失ってしまいます。驚くかもしれませんが、**どのサイト、どのブログも「カッコよくすればいい」わけではありません**。親近感をアップすべくわざとオシャレすぎないデザインにする場合もあります。

デザインの目的はカッコよく見せることでも、オシャレに見せるこ

とでもありません。もし「カッコイイというイメージを持ってもらう」という目的ならば、**手段として**「カッコいいデザインにする」のです。

「人と違うことがしたい」が目的になってはいけない

ブログで奇抜なデザインがダメなのは、**「人と違うデザインにしたい」が目的になっていることが多い**からです。それは読者の満足に貢献していますか？　自己満足ではないですか？

もちろん、わたしもブログで自分の個性を主張したいと思っていますが、読者がいて、はじめて成り立つことを忘れていません。

奇抜なデザインだと「なにこのブログ、超読みづらい……」という負の感情を抱かれがちなので、読者になってもらうどころの話ではありませんから。

ブログの目的は「読みに来てくれた人を満足させる」ということを忘れないようにしましょう。その目的を忘れずに、自己主張した結果、読者に、そしてファンになってもらえることをめざすのです。

皆がやらないようなオシャレなデザインにするぞ！

×

オシャレなデザインにして読者層（ファッション好きの20代女性）に愛着を持ってもらうぞ！

Check!

☐　デザインにこだわっても、読者に満足されなければ意味がない

☐　自己主張はしてもいいが、あくまでも読者ありきで

07 ブログを読む人の 9割はスマホから

9割の読者がスマートフォンで検索して、あなたのブログにたどりつく。スマホユーザーにとって読みやすいブログにしていこう。

ブログは「スキマ時間」にササッと読まれている

以前は、ブログは「パソコンから見る」人が多かったのですが、これは過去の話です。現在では読者のほとんどは**スマホから読んでいます**。実際にわたしの運営するブログの場合は、80〜90%の人がスマホからのアクセスです。

それなのにブログを書く人には「パソコンで書く人」が多いという現実があります（スマホだけでブログを書く人もいます）。言い換えると、**あなたが書いている「あなたのブログ」と、読者が見ている「あなたのブログ」は見え方がぜんぜん違う**ということです。

パソコンから見たときは読みやすくても、スマホから見ると狭い画面に文字があふれ、読みづらいことはよくあります。

ここで注意が必要なのが、**この事実は、単なる「見ている端末の違い」ではない**ということです。

たとえば、スマホでブログを読んでいる姿を想像してみましょう。家でゆっくりしているときかもしれませんが、通勤時間や、待ち合わせで人を待っている時間に読むことが多くありませんか？

つまり、**スマホでブログを読む人は、まとまった時間にリラックスして読むのではなく、「スキマ時間」にササッと読んでいる**ということです。「忙しい人がスキマ時間に読む」……と仮定すると、こんな

ことが言えます。**「ブログを読む人は気が短い」**と。

　読者が忙しい時間の合間にGoogleで検索してあなたの記事にたどりついたのに、ブログの冒頭から「友達のヨシくんが面白いヤツで……」と、身内しか喜ばないネタを長々と書いているとしたら、何秒でページを閉じたくなりますか？　わたしだったら、そんな記事は5秒も読まないでしょう。

スマホで「流し読み」されることを前提に書く

　読みたいからたどりついたわけでもない、ブログを書いている人にも興味がない、しかも忙しいなかスマホで見ている……という条件が重なると、それはそれはすぐに答えを知りたいことでしょう。

　そんな人にも満足してもらうには、とにかくわかりやすさが求められます。美しくて思わずメモしたくなるような文章ではなく、**熟読しなくても理解できるような「わかりやすい文章」**です。

「スマホで流し読みしても理解できる文章」を常に意識しながら、**「読者は流し読みをする」**という前提でブログを書きましょう。

　通勤時間や待ち合わせのスキマ時間に　スマホでササッと読んでいるよ

Check!

☐　読者は調べたいことがあってあなたのブログにたどりつく
☐　「読者は流し読みをする」という前提でブログを書く

08 ブログは「無料ブログ」
だけじゃない

**生活のなかでブログが占める割合によっては、有料
サービスで大切にブログを育てていく、というのも1つ
の選択肢。**

無料ブログサービスは手軽だけど……

　さて、一通りブログの特性について説明してきました。そして、い
よいよ「ブログをはじめましょう」という話になるのですが、なにも
考えずに「無料のブログサービス」ではじめるのは待ってください。
「ブログは手軽に無料ではじめるもの」と思っている人が多いのです
が、実は「無料ではないもの」もあるのです。では、「無料ブログ」
と「有料ブログ」の特性を紹介しましょう。
　まず、「無料ブログ」では、次のサービスが有名です。

有名な無料のブログサービス
- アメーバブログ（アメブロ）
- はてなブログ
- livedoor ブログ
- LINE ブログ

　無料ブログはあらかじめ型が決まっており、登録も簡単ですぐに開
始できます。

WordPressという選択肢

「無料ブログ」に対する **「有料ブログ」** というのは、現在ではほとんど

の場合「WordPress（ワードプレス）」のことを指します。WordPress
はブログの「入れ物」のようなもので、WordPress という自分専用の
ブログサービスにブログを書いていくイメージです。

　自分専用であるため自由度が高いのですが、インターネット上に
「サーバー」と呼ばれる自分のブログスペースを借り、それを維持す
るための費用が、毎月（もしくは毎年）必要です。

　結局のところ「無料ブログ」と「WordPress」のどちらにすればい
いのでしょうか？　その人その人の目的によって変わってくるので、
「なぜブログをはじめたいのか？」を明確にしましょう。たとえば、
ブログにこんな目的があるかと思います。

ブログを書く目的
- ブログで稼ぎたい
- 趣味として日記を書きたい
- ブログで自分を表現したい
- 自分の趣味や好きなことについて語りたい
- ブログから自分のビジネスへお客様を誘導したい

　どんな目的だとしても、無料ブログで問題ないと言えばそうとも言
えます。無料ブログがいいか、WordPress ブログがいいかの基準は**「生
活のなかでどのくらいブログの比重が大きいか」**にかかってきます。

　では、WordPress をオススメする場合の３つの規準についてです。

❶ ブログからの収益を得たい

　もし趣味としてブログをはじめたとしても、将来的に**「ブログで収
益を得たい！」と思っている場合は WordPress** にしましょう。なぜ
なら、無料ブログサービスによってはブログから収益を得る手段の１
つである「アフィリエイト」の広告が自由に貼れない場合があるから
です（Chapter 08 でくわしく紹介します）。

　さらには、ブログの収益性の高い場所に「ブログサービス側の収益

になる広告」が自動で挿入される場合もあります。無料ブログはこういうブログサービス側が「収益化」できるポイントがあるからこそ無料で使わせてもらえるので、これは仕方がないことかもしれません。WordPressブログなら、広告を貼ることに関して制限がありません。

❷ **ブログのデザインを自由に変更したい**

「ブログのデザインを自由に改造したい」という場合、無料ブログだと自由度が低くなってしまいます。可能な枠内でのみ変更ができるという仕様だからです。それに対して**WordPressブログの場合、知識があればどんなデザインでも好き放題**です。

❸ **ブログを永続させたい**

最後にブログを永続させたいという場合も無料ブログサービスはオススメできません。「永続させたい」というと、大げさに聞こえますが、ブログからの収益を生活の柱としている場合や、自分のやっているビジネスにつなげるために使っている場合、もしブログが突然消滅したら露頭に迷いますよね？

「ブログが消滅？　そんなバカな！」と思われるかもしれませんが、無料ブログを使っている場合、そのリスクは常にあるのです。たとえば**「規約」を破ってしまった場合や、無料ブログサービス自体が閉鎖された場合、自分のブログは消えてしまいます**。

「規約」は意図的でないにせよ、破ってしまうとブログが突然削除されることがあるのです。有名なブロガーにもそういう場面に遭遇してしまい、無料ブログをやめた人もいます。ただし、無料で使わせてもらっているため、突然の規約変更があっても、サービスが終了しても文句は言えず……。

「無料ブログ」ならではのメリットも

無料ブログをオススメしない理由ばかり書いているように見えますが、無料ブログならではのメリットもあります。

たとえば、「アメーバブログ」はSNSの要素が強いため、**日記が面白ければ検索結果で上位に来なくてもアクセス数を増やせます**。「はてなブログ」なら「はてなブックマーク」がつきやすく、たくさんの人に拡散されやすい仕組みがあるのはその魅力です。ブログ開始日から多くのアクセス数を得られることも。

そして、**知識がなくても「無料でその日にはじめられる」**というメリットは無料ブログの最大の魅力でしょう。

自分がブログのどこに比重を置くかで、無料ブログにするか、WordPressブログにするかを決めてみてください。

☐ Check!

☐ 生活のなかでどのくらいブログの比重が大きいか

☐ ブログからの収益を得たい場合はWordPress

ブログってなにを
書けばいいの?

ブログは書かなければはじまりませんが、
はじめただけで終わる人がたくさんいます。
「ブログに書くネタがない」という
悩みを乗り越えられないからです。
でも断言しますが、それは「勘違い」です。
このChapterでは、
「ブログにどんなことを書けばいいか?」に
ついて例とともに紹介します。

01 プロフィールから書きはじめよう

ブログ内の自分のプロフィールをおろそかにしてはいけない。その内容で読者がファンになってくれるかもしれないし、なによりブログの顔であるあなたの紹介記事になる。

自分のプロフィールは、誰よりもくわしく書ける記事

いざブログをはじめたとき、「最初の1記事目」はなにを書けばいいのでしょうか？ わたしがオススメするのはプロフィールです。なぜプロフィールなのかというと、**あなたがどんな人よりも世界で一番くわしく語れることだからです**。「プロフィール」を書くにあたって、ぜひ知っておいてほしいことは次の3点です。

プロフィールを書く際に知っておきたいこと

- 読者はあなたのことを知らない
- ほかの記事を読んであなたに興味を持った人だけが読む
- 完璧なものをいきなり書こうとは思わない

では、この3点を意識して、どういうことを書けばいいのでしょうか？ たとえば、次のような内容を書いてみてください。

❶ 今やっていること

あなたが今やっている仕事、考えていることなど、公開できる範囲で書きましょう。

❷ 好きなこと

あなたが好きな活動や、好きな物、好きな場所、趣味などについて

紹介しましょう。曖昧に「スイーツが好きです」などと書くのではなく、「ケーキが大好きです。とくにモンブランが好物で、1日3食×365日続けられるほどです」というように具体的に書けるといいですね。

❸ 今までの経歴

学校や仕事なども含め、今まで経験してきたことについて、経歴について好きなように語りましょう。「その経験をしたときに感じたこと」などを書くことで、あなたの性格もよく伝わります。

もちろん、最初に書く記事なのでうまく書けないかもしれませんが、気にする必要はありません。ブログはあとで書き直せるメディアなので、軽い気持ちで思うままに書いてみましょう。

わたしのプロフィール例

では、プロフィールの例としてわたしの場合です。

わたしのブログ「ヨッセンス」のプロフィール

▶ (https://yossense.com/blog_start/)

わたしの場合、次のような情報を詰め込んでいます。

ヨスがプロフィールに入れている情報

- ブログをはじめた理由
- わたしの思想
- わたしがやっていること
- わたしの好きなもの
- わたしの経歴（実績）

プロフィールを読んでくれる人

は、「あなたに興味を持っている」ということなので、その興味関心に全力で答えてあげましょう。

そして、プロフィールに書かれている内容に共感することがあれば、読者はあなたのファンになってくれるかもしれません。ファンになってもらえれば、次からは「あなたのブログの名前」で検索してくれます。

企業名やサイト（ブログ）の名前で検索することを「指名検索」と呼びますが、運営側からすればもっともうれしい検索のされ方でしょう。

プロフィールは「育てていく」もの

ただし、完璧なプロフィールを一度で書こうと思わないで大丈夫です。わたしも、今までに300回以上は手直ししています。

ブログは「もっとこういうことを書こう」と思えば、後日追記してもいいですし、誤字があっても直せばいいのです。**あなたが成長していくのと比例して、プロフィールも成長させていく……**という意識でいればOK！ プロフィールは育てていくものだからです。

プロフィールは軽い気持ちで書こう！

ちょっとずつ育てていこうね

■ Check!

- ☐ プロフィールは軽い気持ちで自分のことを思うままに書く
- ☐ どんどんブラッシュアップしていけばいい

02 「好きなこと」「くわしいこと」について熱く語れ！

自分が体験、経験したことは、格段に書きやすいテーマになる。その理由と書き方の方法とは？

自分が経験したことだから、人にはないディテールまで語れる

プロフィールまで書けたら、いよいよブログの記事を書いていきましょう。と言われても、一体なにを書けばいいのでしょうか？　まずは、**経験や体験をネタにする**という方法をオススメします。自分が経験、体験したことは唯一無二のことなので、他人にはないディテールまで書くことが可能になります。そうした記事が、未経験の読者の興味関心を引くのです。

ここからは、経験や体験をネタにして記事を書くポイントを、4つに分けて紹介します。

❶ 体験したこと

「体験したこと」というのは、旅行で見たもの、食べたもの、買ったもの、うれしかったこと、困ったことなど、なんでもすべてネタになります。とくに、人と違う体験、珍しい体験、大成功・大失敗した体験は、ぜひ記事にしましょう。

受験、恋愛のような**誰しもが体験しそうなテーマの成功談、もしくは失敗談は需要が大きい**です。ほかにも「SNSが乗っ取られて困った」のような「お悩み」は、その解決方法とともに記事にしましょう。身のまわりにちょっとした問題が起きたときに「やった！　ブログのネタができた」と思えるようになればしめたものです。

❷ 好きなこと・得意なこと・興味のあること

ブログの王道とも言えるのが、**好きなこと・得意なこと・興味のあること**について書く方法です。自分の好きなマンガ、好きな音楽、好きな映画など、好きなものについて**自分の体験から熱い想いとともにマニアックに語りましょう**。

好きなことや得意なことは、そうではないことよりも書くのが楽しいですよね？　わたしの場合は、「効率化」について書くのならいくらでも書けますが、興味のない「車」について書いて……と言われても困ります。**なにを書けばいいのかわかりませんし、興味がないので調べることすら苦痛**です。

わたしは15年以上文章を書いているので、興味のないものに関してでもそれなりの文章は書けるでしょう。でも**「文章は苦手だけど、車が好きでたまらない人」が書いた文章には勝てません**。

結局のところ、「想い」は文章に現れるのです。車が好きでたまらない人」の文章は、いい意味で「アツい」ので、同じように「車が好きでたまらない人」が読めば共感し、テンションが上がるような文章になっているはずです。

「今これが流行っているから、興味ないけど書こう！」という動機で書くことは、やめましょう。楽しくないうえにアクセス数も伸びにくいため、ブログがイヤになってやめる可能性が高まるだけです。

❸ 住んでいる地域のこと

自分の住んでいる地域の情報は、とっつきやすいので初心者にオススメです。地域にあるレストランやお店の情報、観光地、神社の情報などは、現地にいる人にとっては「こんなこと書いてもなぁ……」と思うネタかもしれません。

ところが、観光客や移住してきた人にとっては本当に「お宝情報」なのです。とくにくわしい人が書かなくても、**その地に住んでいるだけで、住んでいない人にくらべて相対的にくわしくなっている**ということもポイントです。

たとえばわたしは郷土愛が強いほうではありませんが、香川県のこ

とに関してはほかの地域の人よりもくわしいです。グルメではありません が、香川県で有名な「讃岐うどん」についても、食べてきた回数が他県の人とはくらべものになりません。

そうなると、**相対的に「香川県についてくわしい人」になっているのです。** これは、わたしに特別な能力があるのではなく、ただ単に住んでいる（でも濃い体験がともなっている）という理由からです。

ただし、わたしより郷土愛が強い人や、本当のグルメの人が書いたほうが面白い記事が書けるのは言うまでもありません。

❹ くわしいこと

逆に、「興味がそこまでないもの」でもネタになりえます。それは、知らず知らずのうちに知識が増えていて、気づくと自分がくわしくなっていることについてです。

たとえば、趣味ではないけれど**前職でやっていたからくわしいこと**もありますよね？　知識がすでにあるので、まったく興味のないことにくらべると格段に書きやすいはずです。

専門家ではなくても、一般の人よりも知識があるなら記事にする価値があります。ぜひ、検索する人の「知りたい」への回答を、**自分よりくわしくない人にわかりやすく教えてあげましょう。**

人生をまるごと情報発信！　ふじたんさんの例

以上、「経験や体験をネタにして記事を書く４つのポイント」について紹介しました。「これなら私にも書けそう！」と思ってもらえたでしょうか？

ここでは、好きなものや体験したことを徹底的に書く例として、東京に住むブロガー、ふじたんさんを紹介します。

「Golf」＆「Fun」に囲まれて楽しく暮らそう！

▶（ https://fujita3.com/ ）

ふじたんさんは、もともとは「シミュレーションゴルフ」についての記事を書いていましたが、ある日「高級食パン」に心を奪われました。

そして、ブログの記事として自分が通ったパン屋さんの感想を投稿しはじめたそうです。現在はパンに関する記事が100を超えたため、パンについての情報は別のブログとして独立させています。その結果、「パンのブログの人」として知られるようになり、パン屋さんに行くと声をかけられるようにも。「パンシェルジュ検定」という資格も取り、現在では**「パンを食べに行くこと」**がふじたんさんの仕事の一部になっています。

「楽しい！」と思い続けながら書くことを一番に心がけているそうで、大好きなマラソンやハワイのこともブログで発信しています。

「とりあえず書く」のではなく、楽しむことを優先していると言うふじたんさん。ゆくゆくは、東京とハワイに生活拠点を設けたいとも思っているそうで、ブログによって人生が変わり、人生が変わることでブログも成長している……という好循環に入っています。まさに**「人生をまるごと情報発信」**の好事例と言えるでしょう。

Check!

- ☐ まずは「経験や体験」をネタにする
- ☐ あらゆることがネタになる

03 メディアから得たネタの 「情報の横流し」はしない

メディアに出ている情報をそのまま伝えることは、読者が求めているものではない。自分の意見、主張を入れていこう。

ニュースの引用は情報の信憑性も意識すること

　テレビ、新聞、雑誌、インターネットなどのメディアを見ている人は多いと思いますが、その時間は、いわば「ネタを仕入れている時間」です。テレビで放送されている番組やニュース、スポーツ、ドラマ、お笑いなど……まさにブログに書くネタの宝庫でしょう。ただし、「**情報の横流し**」**はしないようにしましょう。**

　たとえば、「全国で喫煙への罰則が厳しくなった」というニュースを見て、「4月1日から罰則が厳しくなりました」……と同じように書くことに価値はあるのでしょうか？

　ぜひ、自分の思想や経験のフィルターに通して、オリジナル文章を書きましょう。ブログの方向性にもよりますが、**自分の主観を入れると個性が出てくるので、ファンを増やすために有効**です。

　メディアからネタを得る方法はスピード勝負だとも言えるので、いち早くネタを見つけ、記事にしましょう。ただし「**それが本当の情報なのか？**」**に関しては敏感になってください。**ウソの情報を拡散してしまわないように、出どころが信頼できるメディアかどうかをきちんと調べましょう（「引用」については後述します）。

書評やレビューもメジャーなジャンル

　書籍（マンガも含む）や映画をネタにする方法もあります。ただし、ストーリーをそのまま書くのではなく、「自分の意見」も合わせて書きましょう。

　書評やレビューを書くポイントは、**内容をほとんど語っていなくてもその書籍、映画を見たくなるように書くこと**です。書評に求められているのは本の内容を無断公開することではなく、読んであなたが感じた感想です。
　また、「ネタバレ」になる記事に関しては、記事タイトルや冒頭で知らせてあげるようにしましょう。

ニュージーランドの情報を発信するMASAさんの例

　メディアから得たニュースを発信する例として、MASA（長田雅史）さんを紹介します。

日刊ニュージーランドライフ

▶ （ https://nzlife.net/ ）

　MASAさんの運営する「日刊ニュージーランドライフ」は、英語で報じられたNZ（ニュージーランド）のニュースを日本人向けに発信しています。もともとは日本にいる人に、「NZをもっと紹介したい」との思いからはじめたそうですが、MASAさんは当初から

次のモットーで運営しているそうです。

MASAさんのブログ運営のモットー
- NZ を知らない人に NZ を知ってもらおう
- NZ を知っている人には興味を持ってもらおう
- NZ に興味がある人には NZ に来てもらおう
- NZ に来た人に NZ を好きになってもらおう
- NZ が好きな人には住みたいと思ってもらおう

　客観的な情報を紹介しながらも、NZに実際に住んでいる日本人としての感想、MASAさん個人の意見などが鋭く書かれていることもあり、単なるニュースに終わっていない奥深さのあるブログです。2011年からひたすらNZについての発信を続けた結果、今では**「NZに興味のある人はみんな知っている」というブログにまで成長しました。**

　このブログをきっかけに、2018年には「NZのガイドブックの制作」という大きなプロジェクトにも携わりました。ほかにも、「海外でブロガーとして生活する人」として雑誌の取材を受ける……など、様々な形で活躍されています。

主観的な意見を
しっかりと
入れることで

単なるニュースが
あなたの作品に
早変わりします！

Check!

☐ 自分の主観を入れると個性が出る

☐ 情報の紹介は「本当の情報か？」と敏感になること

04 人と違う「体験」から 自分の「考え方」を書く

他人と同じような記事を書いていても面白くない。視点をずらして記事を書くのが楽しくブログを続けるコツ。

「体験」をもとにした記事はリアリティがある

　ブログの1つのジャンルとして「オピニオン（意見）」があります。自分の「考え方」を書くというジャンルで、ある意味もっともブログらしいジャンルと言えるかもしれません。

　たとえば、政治に関して、学校教育に関してなど、個人の意見をブログで発信するのです。インターネットがなかった時代に自分の意見を発信する場合は新聞への投書ぐらいでした。今ではブログを使うことで自由に発信できるなんて、いい時代になったと感じます。

　「自分の意見を書く」と聞くと、手軽そうに思えますが、書く人の「体験」が必須となります。オピニオンは、**体験をともなった言葉で綴らなければ読む人には響きません。**

　たとえば、「日本の英語教育が悪い」と口先だけで書くことは簡単でしょう。でも、どこかで聞いたことのある内容を、ほかの人と同じように書いてもオリジナリティがなく、面白くありません。

　そこで、自分の体験をもとに書くのです。「自分が学生だったころの体験」や「先生をしていた体験」など、実体験を交えるだけで一気にオリジナリティが出てくるでしょう。

　体験が書かれた記事にはリアリティがあり、引き込まれる文章になります。**よく似た経験をした人には共感を呼び、ファンになってもらえるかもしれません。**

「共感してくれる人」と「反対意見の人」がいる

　自分の意見を書くオピニオン記事は、ついつい普段話しているような口調になってしまいがちです。行きすぎると汚い言葉づかいになってしまうこともあるので注意が必要です。

　自分自身の経験から来る「主張」はいいのですが、誰か特定の人物を攻撃するような、誹謗中傷をするような表現は避けましょう。人それぞれ考え方が違うのは当たり前ですし、誰かを攻撃すると巡り巡って自分も攻撃される可能性もあります。「ブログは楽しく続けることが大切」なので、そのような状態は楽しくありません。

　ただし、気をつけて言葉を選び、まともな意見を書いていたとしても、基本的に**どんな思想に対しても「共感してくれる人」と「反対意見の人」**がいることも知っておきましょう。どんなに好感度の高い芸能人でも「アンチ」と呼ばれる「その人を嫌う人」が一定数生まれることは避けられないことです。

「意見が批判されること＝炎上」ではない

　たまにSNSで、オピニオン記事がたくさんの批判を受けることがあります。これを「炎上」と呼ぶ人もいますが、わたしはすべてが炎上だとは思いません。

　たとえば、「日本文化のここがダメ」のようなオピニオン記事を書いたとします。SNSでたくさんの反論が出てきますが、**同数ぐらいの人は「私もそう思う！」「よくぞ言ってくれた」という共感の意見**もある場合もあります。

　つまり、ネット上に投じた個人の意見に対して「そうだそうだ！」「いや、違うだろ！」という２つの意見がざわついただけなのです。わたしは、この状態を「バズ（拡散されて噂になる）」だと認識しています。……とはいえ、批判を受けると嫌な気分になったり、落ち込んだりし

47

ますが。

さらに言えば、「炎上」の場合は、共感する人は「ほぼ皆無」という違いがあります。

また、アクセス数ほしさゆえ「自分から炎上を狙うような書き方」をする人もいますが、オススメしません。

1つの価値観を批判するような内容を、「読む人を刺激するほどキツい口調」で書くといった方法は、ネガティブな印象を与えるだけで終わることが多く、長い目で見るとメリットがありません。

人と違う体験から社会問題を訴える、まどぅーさんの例

オピニオンを書く場合、人と違う体験、つまり**希少な体験をしていれば、それだけで価値のある記事が書きやすくなります。**例としてカナダに住む、まどぅーさんを紹介します。

旅するダンサー自由記

▶（ https://madokasuzuki.com/ ）

Photo by Tanabe+Photography

まどぅーさんの「人と違う要素」

- 国際結婚をしている
- 同性婚をしている
- カナダの田舎に住んでいる
- 学生寮のハウスペアレンツ
- ダンススタジオを運営
- 双子の母親

まどぅーさんは、このように「人と違う要素」が多い人です。**一般の人では体験できないような人生を歩んでいる場合は、それだけで興味深いコンテンツになるでしょう。**

まどぅーさんは「国際結婚で同性婚で双子の母」という、希少価値のある体験から、性差別や偏見といった社会問題を訴えています。ＬＧＢＴについて、ジェンダーについて、ご自分の体験を交えた意見には説得力とリアリティがあります。

人と違う体験をしてみる

まどぅーさんのお話を聞いて「私はそこまで人と違う体験がない」と嘆く必要はありません。では、**あえて「人と違うこと」をやるのはどうでしょうか？** たとえば、「右利きだけど左手でご飯を食べる」……程度のことからはじめてみましょう。ほかにも「米を食べない生活を１年間続けてみる」のように、人がやらないことをやってみると発見があるはずです。

人と違うことをあえてやるという行動をしていると、気がつけばそれが思考に反映され、常に「ほかのやり方はないかな？」と違った視点で考えられるようになります。人と違う視点は、**オリジナリティのある記事を生み出すときに有力な武器**になります。面白いブログを書くために「面白い人」になりましょう。

面白いブログを書いている本人に実際に会ってみると「その人自身が面白い!!」という話はよく聞きます

Check!

☐ よく似た経験をした人が読むと共感してもらいやすい
☐ 人と違う視点はオリジナリティのある記事を生み出す

05 ブログで自分の作品を発表する

ブログという舞台を使えば、さまざまな自己表現が可能となる。積極的にアウトプットをすることで、新たな自分の可能性や楽しみが見つかることも。

ブログを使ってどんどんアウトプットをしてみよう

　ブログは自己表現の場でもあるため、「作品を発表する場」としても活用できます。詩や小説を書いてもいいかもしれませんね。

　さらに言えば、「文章以外の作品」を発表する場としても使えます。たとえば、次のような活用方法です。

❶ 撮影した写真

　自分で作ることができる「作品」としてポピュラーなものの1つが写真でしょう。スマホで写真を撮るのが好きな人なら、何気なく撮ったものでも立派な作品になります。たとえそれがゴミ箱の写真だとしてもです。スマホのなかで眠らせておくだけでなく、ぜひブログでも紹介していきましょう。

　ただし、ブログに「画像だけ」を投稿するのはNGです。残念ながら、検索結果に表示されるときの順位を決定しているGoogleは文字しか認識できないため、**画像だけだと検索結果に表示してもらえないから**です。

　食べて美味しかったレストランの料理なら、店内の写真や料理の写真だけでなく、**お店や食べ物についての「情報」もしっかりと文章にしましょう。**Chapter 01でも述べましたが、「検索意図」を考えて、どういう疑問を持った人がどういう答えを期待しているのかを考えて書くことが大切です。

❷ **制作した作品**

　写真だけでなく、イラストやマンガをブログで公開するのもいいでしょう。グラフィック系だけでなく、画像にすることのできる作品ならなんでもブログで紹介できます。服、陶芸、料理、アクセサリー……とテーマは無限です。育てている農作物でさえ、作品と言えます。

　YouTube に撮影した動画を投稿し、それをブログのなかに埋め込めば、音楽のような「音」の媒体も表現できます。

「作品を売れるサービス」を利用し、ブログで紹介して買えるページに誘導するという流れもオススメです。次のようなサービスを使えば、無料でショッピングサイトを作れます（売れたときに手数料は必要です）。

無料でショッピングサイトを作れるサービス

- BASE（ https://thebase.in/ ）
- STORES.jp（ https://stores.jp/ ）

　ほかにも、販売するためのプラットフォームは次のようなものがあるので、ぜひ利用してみてください。

販売するためのプラットフォーム

- Minne（ https://minne.com/ ）……ハンドメイド作品の販売
- note（ https://note.com/ ）……有料記事の販売
- ココナラ（ https://coconala.com/ ）……自分のスキルを販売

ブログでマンガを発信して仕事の幅が広がった高田ゲンキさんの例

　ブログで作品を発表する例として、ドイツに住むイラストレーターの高田ゲンキさんを紹介します。

▶（ https://genki-wifi.net/ ）

ゲンキさんはイラストレーターを目指す人に向けた情報を発信するために、ブログ「Genki Wi-Fi(ゲンキワイファイ)」を開設しました。そのブログにある日、自作のマンガを載せたことがきっかけで、**イラストレーションとは違う「WEBマンガ」という新しい分野で連載の依頼が来たそうです。**

そのWEBマンガは『フリーランスで行こう！ 会社に頼らない、新しい「働き方」』（インプレス）という書籍として出版され、今度は**マンガを通してゲンキさんを知った人からも、イラストやマンガ、書籍執筆の依頼が来るよう**になったそうです。これぞ、相乗効果と呼ぶにふさわしい事例です。

ゲンキさんは「イラストレーターはブログをやるべきだ」と言い、そのメリットは次のようなものだそうです。

イラストレーターがブログをやるメリット

❶ 本業のプロモーションになる

❷ 関心のあることをブログに書くことで異業種の仲間ができる

❸ ブログ用のイラスト（挿絵）で、今までと違うタッチや分野のイラストに挑戦できる

❹ ブログからの副収入もある

❺ ブロガーと友達になれる（ブロガーからの仕事依頼も）

❻ ブログから出版につながる可能性もある

イラストレーターがブログをやるべき6つの理由

 https://genki-wifi.net/illustrator_blog

　自分のパソコンのなかに作品を保存しておくだけではなく、発信することでたくさんの人の目にとまる確率が上がります。それだけではなく、「今までと違うタッチや分野のイラストに挑戦できる」というのもポイントでしょう。

　仕事で依頼される作風とはまったく違うものでも、自分のブログなら自由に提示できるため、仕事の幅も広がるわけです。もちろん、イラスト以外の分野においても同じようなメリットがあります。

　Chapter 05でくわしく紹介しますが、**自分の作品をブログで発表するだけでなくSNSを活用する**ことが強力な武器になってきます。たとえばゲンキさんの場合は、Twitterで2万人を超えるフォロワーがいます。そちらでも絶えずフリーランスとして、イラストレーターとして食べていくことに関する情報を発信し続け、多くのファンを得ているのです。

パソコンのなかで作品を眠らせておくのはもったいない！

ブログやSNSで発表することで仕事につながるチャンスが増えます

■ **Check!**

☐ ブログを介して写真を見てもらったり商品を販売したりできる

☐ フリーランスがブログをやるメリットは大きい

06 まずは特定のカテゴリーから強化していこう

ブログの記事を書くときは、その記事が所属する「カテゴリー」の分類をしよう。

記事が収納される場所は、わかりやすく分類しよう

　ここでは、「カテゴリー」について説明していきます。**カテゴリーとは、記事が収納される場所の「構造」のこと**です。パソコンのフォルダをイメージすると理解しやすいでしょうか。

　たとえば「iPhoneの画面の明るさを変える方法」という記事を書いたとして、最初からある「未分類」というカテゴリーに入れるのはやめましょう。ぜひ、この記事が所属する場所として「iPhone」などとカテゴリーを作りましょう。「バスケのシュートを打つ方法」という記事なら、「バスケットボール」というカテゴリーを作って、そこに入れるといいでしょう。

　ブログをはじめたばかりのころは「特定のカテゴリー」にしぼって書くことをオススメします。たとえば、iPhoneについて書くと決めたなら、バスケットボールのことも好きでも、最初はiPhoneのことに集中して書く……という意味です。そのほうが「読んでもらうブログ」ということを意識すると効果的だからです。

　もし、iPhone好きの読者が１つの記事を読んでくれたとします。でも、iPhoneについて書いている記事が１つしかなければ、そのままあなたのブログから離れていく可能性は高いですよね。

　そこにiPhoneについての記事が20あるとすれば、どうでしょうか？　**あなたのブログを気に入って、「お気に入り」として登録してくれるかもしれません。**

また**特定の分野について特化しているほうが、専門家としても認識
されやすい**です。あとのChapterでもくわしく触れますが、検索順位
で上位を狙うときにもこの考え方は大切なので覚えておきましょう。

カテゴリーを細分化していく

　特定のジャンルの記事が増えていくにしたがって、**カテゴリーの細
分化**も検討しましょう。たとえば、iPhoneについての記事をたくさ
ん書いていったとすれば、次のようにカテゴリーを細分化できます。

▎ **カテゴリーは細分化する**

「iPhone」というカテゴリーの直下に、「iPhoneの使い方」「iPhone
アプリ」「iPhoneケース」という下位層のカテゴリーがありますよね。
　たとえば、次のような内容の記事なら下記で示したようなカテゴ
リーに入りそうです。

記事❶　iPhoneの画面の明るさを変える方法
　　　　→　カテゴリー「iPhoneの使い方」

記事❷　iPhone純正アプリ「メモ帳」の使い方
　　　　→　カテゴリー「iPhoneアプリ」

　もちろん、ブログによってカテゴリーの分け方は違いますが、この
ようにカテゴリーを細分化することで、よく似たジャンルの記事に読

者がたどりつきやすくなります。ちなみに、記事が増えてくるとカテゴリー分けはけっこう骨の折れる作業になるため、最初からカテゴリーの構造を考えておくほうがラクです。

　カテゴリーを細分化することは、読者だけでなく書く側にとってもメリットがあります。「自分のブログがどのジャンルに偏っているのか？」や「どの情報が足りないのか？」が可視化されるため、**自分のブログの構造を把握しやすくなる**のです。
　カテゴリー内にある記事が可視化されると、「じゃあこのカテゴリーの記事をもっと増やそうかな」というように、書いたほうがいい記事もわかってきます。

　ブログはなにをどんな順番に書いても自由です。ただ、わたしの経験では、どんなブログでも「まずはこのカテゴリーの記事を20記事にする！」と決め、「適度なルール」を作ったほうが書きやすいと思っています。
　ちなみに前のページの例ですが、第2階層目のカテゴリーのなかもいっぱいになってきたら、さらに細分化してもいいでしょう。

※ もし、「このブログには iPhone のこと以外は書かない」という場合は、第1階層目に「iPhone」のカテゴリーは不要です。

すでに書いた記事からどんどん派生させていく

「すでに書いた記事から別の記事を派生させる」という方法があります。たとえば、「iPhoneの画面の明るさを変える方法」という記事のなかに「スクリーンショット」という言葉が出てきたとすると、「スクリーンショットのことがわからない人がいそうだな」と推測できます。そこで、「iPhoneのスクリーンショットについて」という記事を別に書き、「スクリーンショットの記事はこちら」というふうに**リンクを張ってあげるのです**（これは「関連記事」とも呼ばれ、重要なのでChapter 07でもくわしく紹介します）。

このように、1つの記事内から広げられそうなテーマを見つけ、もっとくわしく書くことで読者に有益なブログになります。まるでクモが巣を張っていくようにどんどん書いていくのです。まさに「WEB（クモの巣）」という感じです。

最初にカテゴリ構造をきっちり決める運営もオススメ

　わたしがここで紹介しているのは、全体を意識せずにとりあえず記事を書いていく「木を植えて森を作る」というブログ運営方法です。

　逆に、**「出来上がった森の完成図を考えながら木を植えていく」という運営方法**もあります。この方法は1つのテーマに特化したブログに向いていて、構造的なサイト設計を築きやすいです。ブログ全体を通して構造的にすることは「検索結果の順位で上位を狙う」という意味ではかなり重要です。こちらの運営方法については『Google AdSense マネタイズの教科書［完全版］』（日本実業出版社）にくわしく書いてあるので参考にしてみてください。

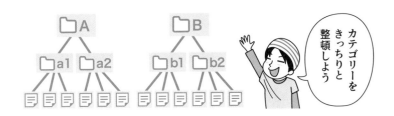

カテゴリーをきっちりと整頓しよう

```
□A              □B
├─□a1 ├─□a2     ├─□b1 ├─□b2
│ │ │   │ │ │     │ │ │   │ │ │
```

◻ Check!

□　最初は「特定のカテゴリー」にしぼって書いていこう
□　記事が増えてきたらカテゴリーの細分化もやってみよう

ブログのネタがない ?!

　ブログの初心者に見かける「あるある」を紹介します。すごい特技を持っているのに「私なんかが書くとくわしい人に怒られます」と言ってそのネタについて書かない人が多すぎるのです。今まで、このマンガのように何度ツッコンできたか覚えていないほどです。

　逆に、自分の能力のすごさに気づいていないということもあります。本人にとって当たり前すぎるため、「こんな当たり前のことを今さら書いても……」と言っている人もいるのです。

　とにかく「好きなこと」「得意なこと」「興味のあること」を書いていきましょう。

　ある意味では、ブログは「当たり前のこと」をどれだけドヤ顔で書けるか……も大切な要素かもしれませんね。

わかりやすい文章を
書くためには?

読者にもっともしてほしくない行動が
「ネガティブな感情を持って離脱されること」
です。その原因で多いのが
「文章がわかりづらいこと」なのです。
このChapterでは、文章を
わかりやすく書くときに
知っておきたい基本を紹介します。

01 文章は シンプルな構造に徹しよう！

ブログが読まれない原因の1つは「読みづらい文章で書いている」がある。では、「読みやすい文章」を書くために、どうしたらいいのだろうか?

接続表現は1つの文に2回まで

ネットで調べ物をしているとき、こんな経験はありませんか?

わからないことがあったので、Googleで検索して、ある記事にたどりついた。ところが、説明している文章が読みづらくてなにを書いているのかわからない。仕方がないので、Googleの検索画面に戻って調べ直し、ほかの記事を読んだ。でも、その記事も読みづらくて再びGoogleの検索画面に戻って……（以下同文）

わたしはこんな経験がよくあります。**わからないから調べているのに、その記事の意味がわからない**なんて、このイライラをどこにぶつければいいのかと。

読者にこう思わせてしまうようでは、あなたのブログのファンになってもらうどころではありません。ブログには「わかりやすい文章」を書くことが不可欠です。

わかりやすい文章を書くときの基本中の基本は**「シンプルな構造」にすること**です。たとえば、次の例を見てください。このように、1文が長すぎるために文の構造が複雑になっている文をネット上では頻繁に見かけます。

【NG例】1つの文が長すぎる

わたしがブログをはじめたのは、バセドウ病という病気になってしまい、病状がよくなく、思いもよらなかった「入院」をして、「働きに出られないにもかかわらず、ブログを好きなだけ書いていい」という状況になったことなのですが、このブログは病院のベッドの上ではじまったのです。

わかりにくさの原因は次の例のような「接続表現」にあります。

文章をつなぐ「接続表現」
- 〜ですが
- 〜でして
- 〜であって

こういう「接続表現」を駆使すると、**文を無限につなぐことができてしまいます**。先ほどの文をわかりやすく分割したのがこちらです。

【改善例】複数の文に分割

わたしがブログをはじめたのは、バセドウ病という病気がきっかけでした。

病状がよくなく、思いもよらなかった「入院」をすることに。

これは言いかえると「働きに出られない一方でブログを好きなだけ書いていい」という状況でした。

つまり、このブログは病院のベッドの上ではじまったのです。

分割すると文章の構造がシンプルになるので、理解するのがラクになります。さらには「文章の密集度」が下がり、「読もう」という気持ちになりますよね（Chapter 04でくわしく紹介します）。接続表現はできるだけ、1つの文に2回までに留めておきましょう。

複雑に見えてしまう表現を避ける

　接続表現が減るだけでもかなり読みやすくなりますが、ほかにも気をつけたいことがあります。たとえば次の例を見てください。

> 【NG例】 文の構造が複雑
>
> **毎日ひたすら運動をすればいいということが言えるのかもしれませんが、人によってはそうだともかぎりません。**

　これも文の構造が複雑で理解しづらくなっています。シンプルに「人によっては、毎日運動するのがいいとはかぎりません」にしたほうが理解しやすいですよね？
　では、よく見かける複雑な表現（悪い例）と、それを直した例を紹介します。

❶ 文をつなぐためだけの「〜が」
　接続表現「〜が」は、「私は犬好きです**が**、犬アレルギーです」のように、逆接（「しかし」のように反対の意味を持つ表現）として使います。これが本来の使い方ですが、単に文と文をつなぐためだけの「〜が」もあります。わかりづらくなるため、できるだけ避けましょう。

【×】私は犬好きです**が**、家では5匹のチワワを飼っています。
【○】私は犬好きな**ので**、家では5匹のチワワを飼っています。

この文のように「犬好きですが」を読むと、そのあとには「逆接」が来るだろうと予想しますよね？　それなのに予想とは真逆の展開になると、読み手は違和感を覚えます。

❷ 二重否定

　なにかを遠回しに肯定するときに使われる「〜しないというわけではありません」のような「二重否定」の表現は、文章を複雑にします。否定をなくしてしまうなどシンプルにしていきましょう。

【×】書類の準備が**できていない**と、申請が**できません**。
【○】書類の準備ができてはじめて、申請ができます。

❸ という〜

「遊ぶということは」や「人間というものは」のような表現は使うと「賢そうな文章」に見えるのでよく見かけます。でも、**不必要に文が長くなる割には意味が変わらないことがほとんど**です。

【×】食べすぎる**ということ**が、よくない**ということ**を意味する**というわけ**です。
【○】食べすぎはよくないです。

❹ 強調しすぎる表現

「これが言いたい！」という部分で強調表現を使いたくなりますが、**強調しすぎてしまうことに注意してください**。強調しすぎると複雑になり、逆に伝わりにくくなってしまいます。

【×】**たとえ、もし仮に**小学生にとって**非常に高度**だとしても、**絶対に教えるべきである**と私は**声を大にして言いたいということを強調しておきたいのである**。
【○】小学生には高度でも、絶対に教えたほうがいい。

重要ではない事実は「省略」することも

　文章の構造をシンプルにするために、**「重要ではないところ」は事実を変えて書くという方法**もあります。たとえば次の例を見てください。

> 【NG例】 表現が複雑
>
> **友達のいとこの友達のお父さんの弟が、マンガみたいに**
> **本当にバナナで滑って転んだらしいです。**

　「友達のいとこの友達のお父さんの弟が」の表現が複雑すぎて、よくわからないですよね？　読者は「いやいや、誰だよ……」と感じてしまうでしょう。この文でより伝えたいのは、次のどちらだと思いますか？

伝えたいのはどっち？
- 友達のいとこの友達のお父さんの弟がドジなんですよ！
- マンガみたいにバナナで滑って転ぶ人が存在するんですよ！

　おそらく2つ目が伝えたいことでしょう。ここでは「誰が」はなるべく省略して書いたほうが言いたいことが伝わります。では、事実を省略してみた例がこちらです。

> 【改善例】 事実を省略して書く
>
> **友達の知り合いが、マンガみたいに本当にバナナで滑って**
> **転んだらしいです。**

この文のように**「誰が」が重要ではない場合、表現をシンプルにす**るほうが伝わるのです。

　ただし、次のような場合は必ず事実を書くべきです。

> **【例】「誰が」が重要**
>
> **友達のいとこの友達のお父さんの弟が、ヒカキンと知り合いだそうです。**

　ここを「友達の知り合い」にすると、執筆者と有名YouTuberのヒカキンさんとの関係が一気に近くなってしまいます。ウソともとられかねなくなってしまいます。**この文では「誰が」が重要なのです。**

「文章のなかで伝えたいこと」をしっかり考え、**どちらでもいい情報が複雑な場合は**「省略」することも検討しましょう。

このパソコンを購入することは、ある意味では非常に
高い買い物をすることになると言えるのだが、これを
買うことによってあなたの生活の質は、間違いなく
向上すると、私は声を大にして言いたいのである。

このパソコンは高価ですがオススメです。

出た〜！

■ Check!

□ むやみに接続詞でつながず、分割するとシンプルになる

□ 文章が複雑に見えない工夫をしよう

02 「文章が短い＝わかりやすい」ではない

より伝わる文章にするためには、ただシンプルにすればいいというわけではない。具体的に書くことで伝わりやすくなる方法とは?

具体的に書いたほうがわかりやすくなる

　前節では「文章はシンプルに」という話をしましたが、気をつけたいのは**「文章が短い＝わかりやすい」ではない**ことです。次の3つの例文を見くらべてください。

❶ スマホを落としました。後悔しています。

❷ 昨日、水たまりにスマホを落としました。「防水にしておけばよかった」と後悔しています。

❸ 昨日、通勤途中にスマホを見ようとポケットから出した瞬間のことです。ポロッと手から滑らせ、水たまりにスマホが落ちて壊れてしまったのです。1週間前に買ったばかりなので「防水にしておけばよかった」と後悔し、今は放心状態です。

　下に行くほど具体的な描写が増えていますよね。それによって**伝わる情報量が増え、長くなっていますが、読みながら頭に浮かぶ風景も鮮明になっている**はずです。

　つまり、文章は具体的に書いたほうがわかりやすくなります。

「いつ・誰が・どこで・なにを・誰に」を明確に

　では、どういう情報を追加して具体性をアップしていけばいいので

しょうか？ ずばり **「いつ・誰が・どこで・なにを・誰に」**などです。国語や英語の文法の授業を思い出しそうですが、ビジネスでよく使われる手法で「５Ｗ１Ｈ」と呼ばれています。

たとえば、わたしはネットで「スマホアプリの使い方」について調べて、誰かの記事を参考にすることがあります。しかし、「記事の通りにやってるのに、そんな画面は出ないんだけど！」と思い、モヤモヤすることがよくあります。

こういう場合、「どこの画面でやるのか」が記事に書かれていなかったのです。**もし「まず最初に『設定』のアイコンをタップしてください」の約20文字があれば悩むことはなかった**はずです。

くわしい人がつい専門用語を連発してしまう問題と近いですが、「これは誰でもわかるだろう」という思い込みにワナがあります。「さっきの画面に戻ってください」ではなく、「設定画面に戻ってください」のように、省略せず、具体的に書きましょう。

相対的な表現を避け、画像も利用する

具体的に書くためのポイントは「相対的な表現」を避けることです。たとえば、「これ」「そのなか」のような指示詞を使うときには、わかりづらくないか読み返して確認しましょう。多くの場合は「そのなか」のように書くよりも、「冷蔵庫のなか」のように**具体的に書くほうがわかりやすい**のです。

「昨日」のような表現も、読者はあなたの記事をいつ読むかわからないことを考えると不親切ですよね。「昨日（2020年8月29日）」のようにカッコを使い、絶対的な表現も記載してあげるとより親切でしょう。

文章だけでなく、画像を積極的に活用するのもオススメです。次のページにある画像のように「矢印」や「手順を示す番号」を入れることで、さらにわかりやすくなります。

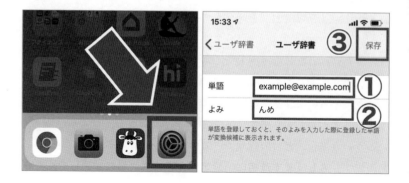

　ちなみに、これらの画像はスマホで簡単に使える「Phonto」というアプリを使って作成しました。無料で使えるのでオススメです。

手順を説明するときは「番号付きの箇条書き」も利用する

　手順を説明するときは、どうしても「文章」だけでは限界があります。そこで、「箇条書き」を利用するのも1つの方法です。たとえば、次の説明をご覧ください。

【NG例】手順をふつうの文で

左サイドメニューにある「サイト」をクリックし、画面が切り替わったページの上のほうに出てくる「構造」の項目のところにある「HTML」のボタンをクリックしてください。

　わたしはこういう文が苦手で、読んでいるとすぐに頭が混乱してしまいます。では、この文を**「番号付きの箇条書き」**に直してみましょう。

【改善例】 番号付きの箇条書き

1. 左サイドメニューにある「サイト」をクリック

2. 画面が切り替わる

3. 「HTML」のボタンをクリック

4. ページの上のほうにある「構造」の項目を見る

　いかがでしょうか？　1つの文が短くなり、時系列も一目瞭然です。
箇条書きで「やるべきこと」が伝わりやすくなりました。

　番号付きの箇条書きはブログでも簡単に使えるので、どんどん活用
して見やすくしましょう。WordPressの場合は「番号付きリストに変
換」で挿入します。

【WordPress】箇条書きの挿入

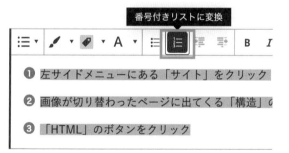

Check!

- [ ] 「これは誰でもわかるだろう」という思い込みはやめよう
- [ ] 手順を説明するときは箇条書きにしてみよう

03 「ボカシ表現」の 使いすぎに注意

**話すときも書くときも、「きつい伝え方」は避けたいもの。
そのため、あえてボカした表現で伝えるとカドが立たな
いが、それだとなにを言っているのかわからなくなること
も……。**

ボカしすぎるとなにを伝えたいのか、わからなくなる

　誰かに自分の考えを伝えるとき、直接的に「それはおかしいですよ」
と言わないことも多いですよね？　「それは**ちょっと疑問に思います
よ**」のような「ボカシ表現」のほうが間接的で優しく聞こえるため、
好まれる傾向があります。

　この「ボカシ表現」は、話すときは有効なのですが、**文章でやって
しまうと「結局、なにが言いたいの？」と、わかりづらくなります。**
こんなボカシ文章、よく見ませんか？

> ### 【NG例】 なにが言いたいのかわからない
>
> **あくまで一般的に言えば、それはちょっとおかしいんじゃない
> かなーと思うかもしれませんね。いや、人によって意見が違う
> のでわからないんですけどね。**

　わかりづらいだけでなく、「この人は自信がないのに適当なことを
書いているのかな？」と思われ、**記事の信頼性も落ちてしまいます。**
　では、ブログ上でよく見かけるボカシ表現を見てみましょう。

❶ 〜と思います

「思います」の使いすぎには注意しましょう。少しなら問題ないのですが、多すぎると自信がないのに書いている（＝信頼できない）と思われます。次の○の例のように、言い切る形は読者に安心感を与えます。

【×】このお店で食べておけば間違いない**と思います**。
【○】このお店で食べておけば間違いない**です**。

❷ 〜したりします

「〜したり」という表現は、単独で使うと「ボカす」ニュアンスが出て、柔らかくなる効果がありますが、不明確になるので注意が必要です。

【×】寒い日はカイロを持って**行ったりします**。
【○】寒い日はカイロを持って**行きます**。

❸ 〜てみます

「〜てみます」は口語的で親しみやすい表現ですが、専門性が低く見えることも。専門性を感じてもらいたい箇所では使わないほうが無難です。

【×】ハチミツの面白い使い方について**まとめてみました**。
【○】ハチミツの面白い使い方について**まとめました**。

抽象的すぎる言葉にも注意

　ボカシ表現とは違いますが、「抽象的すぎる言葉」にも注意しましょう。たとえば、日常的によく使われている「ヤバイ」という言葉がありますが、いろいろな意味にとれるので使うときには注意が必要です。次のページの例をご覧ください。

見てください、この画像！  この肉、**ヤバくないですか？**	見てください、この画像！  この肉の量、**ヤバくないですか？** 「私が今まで見てきた牛丼はなんだったんだ？」と人生を問い直すほどの肉の量です。

「ヤバイ」だけでは、美味しそうで「ヤバイ」のか、マズそうで「ヤバイ」のか、盛り付けに問題があって「ヤバイ」のか、まったく伝わりません。**「肉の量、ヤバくないですか？」** のように具体的に書き、続く文でも「肉の量について言及している」ということがわかるように書くとさらに伝わりやすくなります。

　言葉には「抽象的な言葉」と「具体的な言葉」があるので、どの言葉を選べば伝わりやすいかも考えながら書きましょう。

「シンプルにする＝絶対的に正義」ではない

　ここまで「文をシンプルにしましょう」と書いてきましたが、矛盾したことを今から言います。**「シンプルにすることが絶対的に正義」** というわけではありません。

　表現がいろいろあるのは、ニュアンスの違いがあるからです。次の2つの表現は、**ニュアンスは完全にイコールではない**ですよね？

❶ 寒い日はカイロを**持って行ったり**します。
❷ 寒い日はカイロを**持って行き**ます。

　2つの表現が完全に同じ意味ならば、片方の表現が不要になり消失するはずです。両方の表現が残っているのは、つまり意味（ニュアンス）に違いがあるからです。

　基本的にはシンプルな文章構造が好ましいですが、「いやいや、ここでは**ニュアンスを伝えるほうが重要なんだ！**」という場面ではシンプルにする必要はないということも覚えておいてください。

■ Check!

☐　ボカシ表現の使いすぎは自信がない文章に見えてしまう
☐　単純に「シンプルにすればいい」というわけではない

04 単語と単語の「境目」を意識する

ひらがな、カタカナ、漢字……文章を書く際、それぞれの比率はどうしたらいい?

1種類の文字に偏ると読みづらい

たとえば英語の場合、「I am Japanese.」のように、単語と単語の間にスペースが必要です。これがないと、英語は単語同士の境目がわからなくなり、読みにくくなってしまいます。

一方、日本語は、単語と単語の境目にスペースが入らない言語です。

では、日本語はなぜスペースがなくても読みやすいのでしょうか? それは**「ひらがな」「カタカナ」「漢字」というビジュアル的に異なる3種類の表記**があるからです。「バスに乗る」のように、3種類の表記が組み合わさると読みやすいですよね。

ただし、1種類の表記に偏ると一気に読みづらくなります。

たとえばかんじをつかわずにひらがなだけでかいてあるとものすごくよみづらくなってしまいますよね? トウゼンナガラカタカナダケデモオナジデス。同等理由で極度の漢字使用率は理解困難。

ここで意識したいのは、「単語と単語の境目」です。**ひらがな、カタカナ、漢字を織りまぜると、文字のビジュアル的な相違から、単語と単語の境目がわかりやすくなる**のです。

2種類以上の表記を組み合わせると読みやすくなる

【×】かんじをつかわずにひらがなだけをつかうとよみづらい

【○】漢字を使わずに「ひらがな」だけを使うと読みづらい

この２つの例文を見くらべると、読みやすさ、理解しやすさの差が浮き彫りですよね。単語の境目が明確になっています。

　それでも「ひらがな」が連続してしまい、「ひらがなだけを」のようになる場合があります。そんなときには「カギカッコ」を利用して「ひらがな」のように表記するのも１つの方法です。

　さらに言うと、「アルファベット」「数字」「記号（感嘆符、数学記号、矢印、音符など)」も使えます。

文字×６種類もある、……なんてHAPPY（ハッピー）なんだろう♪

　６種類を少し強引に使ってみました。でも、より伝わりやすくなったと思いませんか？

ひらがなと漢字の比率は「7対3」を目安に

　３種類の表記を使いこなすために覚えておきたいのが、その比率です。わたしは**「ひらがな」対「漢字」の比率は、7対3ぐらいが読みやすい**と感じています。漢字をひらがなにするポイントを６つにしぼって紹介します。

❶「とき」「こと」など（形式名詞）
【×】会社に行く**時**、その**事**を思い出した。
【○】会社に行く**とき**、その**こと**を思い出した。

❷ 接続詞
【×】**予め**、スマホをバッグに入れておきましょう。
【○】**あらかじめ**、スマホをバッグに入れておきましょう。

❸「〜てくる」「〜やすい」など（補助動詞／補助形容詞）
【×】安く買って**来た**ものほど、壊れ**易い**。
【○】安く買って**きた**ものほど、壊れ**やすい**。

❹ 漢字だと読みづらいもの

【×】**有難**う**御座**います。

【〇】**ありがとうございます。**

❺ ２つの読み方がある言葉

【×】あれは**何時**だったのか……。

【〇】あれは**いつ**だったのか……。

❻ その他

【×】**色々言**う**位**なら、自分で**出来**るだろ？

【〇】**いろいろ言うぐらい**なら、自分で**できる**だろ？

　ここで紹介したものは、あくまで一例ですが、視覚的に伝わる印象をもとに表記も意識するといいでしょう。

　余談ですが、わたしは自分のことを漢字の「私」ではなく「わたし」と表記します。やわらかい文体で文章を書くことを心がけているので、「私」だと固く見えてしまうからです。

　日本語は表記のバリエーションが多い言語なので、その特性をフルに活かしましょう。

Check!
□ 文章には「ひらがな」「カタカナ」「漢字」を織りまぜる
□ 比率の基本は「ひらがな７：漢字３」だが、 　臨機応変に使い分けよう

05 2種類のカッコを 使いこなす

カッコを効果的に使うことで、より文章は読みやすくなる。丸カッコとカギカッコの使い方を覚えよう。

丸カッコは文章の理解度を高める

カッコを効果的に使うと、文章は格段に読みやすくなります。ここでは「丸カッコ」と「カギカッコ」の2種類のカッコを使いこなし、文章を伝えやすくするポイントを紹介します。

まずは「丸カッコ」を使うと読みやすくなる例から見ていきましょう。

丸カッコ❶ わかりやすくするための補足を入れるとき

次の例では「iPod touch」を知らない人が多いと思われるため、丸カッコで情報を補足しています。

【例】補足情報をカッコに入れる

最近までiPod touch（電話機能のないiPhone）を
使っていた。

丸カッコ❷ 修飾表現を少なくするため

「わたしのペン」「父にもらったペン」のように、なにかの描写を具体的にすることを「修飾」と呼びます。修飾表現を使いすぎると頭でっかちな表現になって次の例のように理解が難しくなります。

> **【NG例】頭でっかちの文**
>
> **なんと、1週間前の誕生日に父に買ってもらって、**
> **大切にしていたお気に入りのペンがなくなったんです。**

　どんな「ペン」なのかというと、「1週間前の誕生日に父に買ってもらって、大切にしていたお気に入りのペン」です。これだとすぐに頭に入ってこないかもしれません。

　丸カッコを使うと「頭でっかち」なボリューム感を抑えることができます。

> **【改善例】丸カッコで表現をシンプルにする**
>
> **なんと、大切にしていたお気に入りのペン（1週間前の誕生日**
> **に父に買ってもらった）がなくなったんです。**

　これでだいぶ見やすくなりましたね。ただし、「1週間前の誕生日に父に買ってもらった」という情報が本当に必要かどうかも考えなくてはなりません。**文章の展開上、外せるのなら省略しましょう。**

丸カッコ❸ 「絶対的な表現」に使用する

　ほかによく使う例として、「相対的な表現」と「絶対的な表現」の両方を提示する方法があります。たとえば「昨日**（2017年4月）**」のような表現です。ブログは投稿した日に読まれるわけではない媒体なので、「昨日」と書いても、読まれるのは3年後かもしれません。

【×】先ほどのファイルを開きます。
【○】先ほどのファイル**（photo01.jpg）** を開きます。

カギカッコは単語の境目を明確にし、読みやすくする

　続いて「カギカッコ」を使うときのコツを紹介します。ちなみに、わたしはカギカッコの使用頻度のほうが圧倒的に高いです。

カギカッコ❶ 誰かのセリフを表現するとき

　カギカッコと言えば、基本は「会話文」です。会話のセリフは必ずカギカッコに入れましょう。

【例】セリフ

父が「宿題をしなさい」と言ったが、聞こえないフリをした。

　カギカッコを使うと、前節で紹介した「単語と単語の境目」が明確になり、「ここがセリフ」ということが伝わりやすくなります。

カギカッコ❷ 強調したいとき

　強調したい言葉に「カギカッコ」を使うと、単語と単語の境目がより強化されます。「スルーせずにここに注目して！」という意味合いで使いましょう。

【例】強調

私は田舎者ではない。「超・ド田舎者」だ。

カギカッコ❸ わかりづらい固有名詞

　商品名、ソフトウェア名、ブログタイトルをはじめとする「固有名詞」には、必要に応じてカギカッコをつけます。とくにわかりにくい

固有名詞には、ぜひ使いましょう。

> **【例】わかりづらい店の名前**
>
> 「うそみたいな居酒屋」という名前の居酒屋に行ってきた。

　なお、映画や書籍などの「作品名」には二重カギカッコ『 』を使い、『となりのトトロ』のように表記します。

カギカッコ❹ 言葉の境目がわかりにくいとき

　言葉の境目がわかりにくいときにはカギカッコが重要です。

【×】知らない人のゲームについて熱く語られたブログを発見すると、
　　　友達になって語り合いたいなぁと思う。

【○】知らない人の「ゲームについて熱く語られたブログ」を発見する
　　　と、友達になって語り合いたいなぁと思う。

　悪い例では「知らない人のゲーム」と続けて読んでしまい、わかりづらいですよね？　そこで**「ゲームについて熱く語られたブログ」**をカギカッコに入れることで、言葉の境目がわかりやすくなります。

カギカッコ❺ いつもと違う使い方をするとき

　そして、ある言葉について「通常とは違った使い方」をするときにもカギカッコは便利です。説明が難しいので、例を見てください。たとえば「100%」という言葉は、こんなふうにも使いますよね？

> **【例】「絶対・必ず」という表現で使う場合**
>
> その案件に関しては100%大丈夫です。

「絶対・必ず」という意味で使いますが、次のような場合はどうでしょうか？

【例】数値として使う場合

**右上にある数字を「100%」にすると、
画面が実寸サイズで表示されます。**

　カッコに入れることで「100%」というのは「パーセント表示」ということが伝わりやすくなります。

「丸カッコ」と「カギカッコ」の使い方の例を紹介してきましたが、まとめると2つのカッコには次のような役割があると言えます。

カッコの役割
- 丸カッコ………文章の**理解度を高める**ための補助
- カギカッコ……単語の境目を明確にし、**読みやすくする**ための補助

　ブログの文章は、ほとんどの人がスマホからスキマ時間に流し読みします。そのことを考えながら、記事内容を伝わりやすくする、読みやすくするための補助記号としてカッコを活用してみてください。

Check!

☐ 丸カッコとカギカッコ、それぞれに特性がある
☐ スマホから流し読みされることを意識して、カッコを
　効果的に使っていこう

06 「上から下に・左から右に 読まれる」ことを意識する

多くの読者がスマホからあなたのブログを読んでいる。スマホで読まれることを前提にした文章の構成、画像の差し込みを意識していこう。

画像をスクロールしないと下の文章や画像は見られない

　ブログは上から下に読まれているということを意識しましょう！　……と書くと「あたりまえでしょ！」と言われそうです。でも、本当にそのことを意識した文章を書いていますか？

　ここでは「画像を挿入するとき」に気をつけたいポイントです。次の2つの例を見くらべてください。

画像を入れる位置の違い（左：悪い例／右：いい例）

見てよ！　この美味しそうな親子丼！

鶏肉のプリプリぐあいもさながら、半熟たまごがたまらないです。

載っているネギの色との対比が食欲を刺激します。

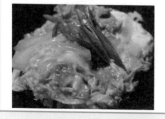

見てよ！　この美味しそうな親子丼！

この鶏肉のプリプリぐあいもさながら、半熟たまごがたまらないです。

載っているネギの色との対比が食欲を刺激します。

左側の画像は「スクロールしないと画像が見られない」ということを考えると、非常にわかりづらい構成になっています。「鶏肉のプリプリぐあいも……」と画像を見る前に言われても困りますよね。つまり、**「画像を見なければわからない文」を画像より先に書くのはNG**です。ほとんどの読者が「表示される領域が制限されているスマホ」から読んでいることを思い出してください。

　ここでお伝えしたいのは、「画面がスクロールしないと下の文章や画像が見られない」ということです。**読者は画面に現れる順に文章を理解していきます。**

意識すべきは「どれどれ？ → 画像 → なるほど！」

　では、画像の説明文を入れるときのポイントを紹介します。

❶ 「これ」と表現したら直後に画像を入れる

　まず、**「これ」や「この」「こんなに」のような指示表現を使ったら直後に画像を入れましょう。** 先ほどの悪い例だと、「この美味しそうな親子丼」という表現を使っているのに、少し下にスクロールしないと「美味しそうな画像」が見えません。まるで歌詞表示が伴奏とズレているカラオケのようなストレスを読者に与えてしまいます。

　逆に、画像の下に「この画像を見てください！」という説明文があっても同じような違和感があります。説明もなく画像がきて、読者に「え？　なんなのこの画像は？」と心をザワつかせてから文章を読ませてしまうからです。

❷ 画面を上下から説明文ではさむ

　画像の説明文は、可能なかぎり**画像をはさむように上下に入れる**ことをオススメします。画像の説明文には「画像を見たくさせる文章」と「画像を見たうえで読むと納得する文章」の2種類があるのです。

> **【例】画像を見たくさせる文章**
>
> 見てよ！　この美味しそうな親子丼！

> **【例】画像を見たうえで読むと納得する文章**
>
> 鶏肉のプリプリぐあいもさながら、半熟たまごがたまらないです。
> 載っているネギの色との対比が食欲を刺激します。

　画像の上に「画像を見たくさせる文」を入れ、画像の下には「画像を見たうえで読むと納得する文」を入れ、**2つの文で画像をサンドイッチにしましょう。**

　こうすることで、読者は「どれどれ？ → 画像 → なるほど！」と、まるで**実体験をしているような時系列**で読み進められます。この流れには「テンポがよくなる」という効能もあります。

　繰り返しになりますが、「画像を見ないとわからない文」を画像より先に書かないよう気をつけてください。読者が画面をスクロールさせて画像を見る前に感想を書くのは、漫才で「ツッコミ」を「ボケ」の前に言っているようなものですから。

左から右に読まれることも意識する

「上から下に読まれる」というだけでなく、「**左から右に読まれる**」ということも意識しましょう。読者の視線は左から右に移動しているのです。たとえば、次のページにあるようなこんな文があるとします。

【例】主題の「ピーラー」が最後に出てくる

> 今回は、じゃがいもやニンジン、大根など根菜の皮をむくときに便利な調理器具である「ピーラー」について紹介します。

　この文は問題ないように見えますが、もっとわかりやすくするために、「左から右」を意識して書き直してみましょう。

【例】主題の「ピーラー」が最初に出てくる

> 今回は「ピーラー」について紹介します。ピーラーは、じゃがいもやニンジン、大根など根菜の皮をむくときに便利な調理器具です。

　この文のように、**主題になっている対象（ここでは「ピーラー」）をまず最初に紹介しておくとわかりやすいです**。画像に入れた文字でもこの考え方は大切です。たとえば次の画像をご覧ください。

左から右に読まれる（左：悪い例／右：いい例）

画像のなかの文字も左から右（さらには上から下）に向かって読むため、左の画像の会話は順番がおかしいです。左→右の視線を意識して作り直したのが右側の画像です。画像のなかの文字は「左→右に時間の流れがある」と思っているとわかりやすいでしょう。

さらに、冒頭で述べた「上→下」の流れも追加して考えると、**左上→右下に向かって時間の流れがある**ということが言えます。

ブログの文章も画像内の文字も、読者は常に「左上から右下に向かって読んでいること」を覚えておいてください。

■ Check!

☐ 読者は画面に現れる順に文章を理解していく
☐ ２種類の説明文で画像をはさむ

07 「おもてなし精神」を 常に持つ

お客様を迎えるつもりで、常に読者の立場に立った ブログに。

「なんでもかんでもこちら側の立場」で書かない

検索からブログを訪れる読者は、「なんらかの疑問や悩みを解決したい」と思っているため、**読者の「検索意図」を考えて書くことが大切**でした。

無数にあるサイトのなかから「自分のブログにわざわざ訪問してくれた」読者というのは、「お客様」とも言えます。

そんなお客様への「おもてなし精神」を意識して、わたしがよく使っているテクニックを3つ紹介します。

❶ 読者の思考を先まわりして書く

まずは、「読者の思考を先まわりする方法」をご覧ください。

> **【 NG例 】 読者を置き去りにしている**
>
> 人生はホットドッグを食べていればすべて学べます。つまり「人生はホットドッグ」です。
>
> だってホットドッグってパンにソーセージをはさむ食べ物ですよね？ これって……（後略）

この文章では、「人生はホットドッグだ！」と書いていますが、こ

んなことをいきなり語りだすと読者は混乱するでしょう。「当たり前ではないこと」を当たり前のように書いて、淡々と文章が続くと「**この人ぶっ飛びすぎてついていけないなぁ……**」と思われてしまい、**離脱につながる**かもしれません。

そこで、「読者の思考を先まわりする文」を入れ込んでみます。

【改善例】読者の思考を先まわりした文を挿入

人生はホットドッグを食べていればすべて学べます。つまり「人生はホットドッグ」です。

「なに言ってるの？　ホットドッグの食べすぎでおかしくなったの?」と思われそうですね。

理不尽な発言に見えますが、理由があります。だってホットドッグってパンにソーセージをはさみますよね？　つまり……（後略)

「読者の思考を先まわりした『自分へのツッコミ』」があることで、読者は「そうだそうだ！」と同意しつつ次を読みたくなります。

❷ 説明くさくなく説明する

　Chapter 01-04では、読む人の「知っていること」には差があるため、「専門用語をひかえましょう」と述べました。専門用語の場合は、なんとなく「この言葉は難しいな」とわかるので対応しやすいのですが、**問題なのは専門用語に見えない専門用語**です。

　たとえば、地名などは盲点と言えます。「新宿」という地名はほとんどの人が「東京にある地名」と知っていそうに思えますが、それでも知らない人もいます。

とはいえ、さすがに「新宿」は読者のほとんどの人は知っている可能性が高いので、**露骨に「東京にある新宿では……」と書くとかっこ悪い**ですよね。こういうときに使えるテクニックが、「さり気なく、説明くさくなく説明する方法」です。次の例をご覧ください。

【例】さり気なく説明

新宿にあるイタリアンレストラン「ヨス屋」に行ってきました。
東京で一番美味しいと私が胸を張って言えるオススメ店です。

あくまで例ですが、こんなふうに「東京で一番美味しい」という1文を入れるだけで、**「新宿は東京にある地名」という事実が間接的に、スマートに伝わります。**

❸ 魔法の言葉「あとで紹介しますね♪」

専門用語が高度でも、文脈上使わざるをえないこともあります。でも、**読者は専門用語に対しこんな不安を持つ**かもしれません。

（この言葉がわからないまま読み進んでもいいのだろうか？　この記事は私には難しすぎるのでは？）

そんなときに、わたしがたまに使う魔法の言葉が**「あとで説明しますね♪」**です。次の例をご覧ください。

【例】不安をやわらげる魔法の言葉

CGイラストで必須のレイヤー （← あとで説明しますね♪）
ですが……（後略）

この例文では「レイヤー」という言葉が今の時点でわからなくて大丈夫という気持ちで書いています。

「あとで説明します」と書いておくだけで、「あ、わからないのが普通なんだな！」と、安心して続きを読めますよね？　もちろん、先を読み進めていくと**しっかり解決する文があって疑問が回収できることが前提**です。

　ちなみに、難しい専門用語の場合は、その専門用語についての記事を別に用意してリンクを張るのがオススメです（くわしくはChapter 06で紹介）。

「他人ごとに聞こえる言葉を使わない」松本博樹さんの文章術

　本Chapterの締めくくりとして「ノマド的節約術」を運営する松本博樹さんが意識している**「他人ごとに聞こえる言葉を使わない」**という文章術を紹介します。

ノマド的節約術

▶ (https://nomad-saving.com/)

　まず、松本さんは「みなさん」という言葉を避けています。1人で読むことの多い記事で**「みなさん」という呼びかけは、まるで演説でもしているかのようで不自然**とも言えるからです。

　また、日常的に使われない「あなた」という言葉も避けているそうです。

【×】みなさんはどう思いますか？

【△】あなたはどう思いますか？

【○】**これについて**どう思いますか？

また、「〜な方」や「〜な人」という表現も、他人ごとのように聞こえるので、読者に響きません。

【×】この商品がいいと思った**方**はこちらをどうぞ。
【○】この商品がいいと思った**なら**こちらをどうぞ。

「自分のこと」として受けとってもらいたいところでは「〜な方」や「〜な人」という言葉は避けましょう。

読者の立場に立ったブログ運営を

このChapterで紹介したノウハウのなかには「ここまで考える必要はあるの？」と言われるほど細かいものもあったかもしれません。

1つ1つのノウハウを必ず実践してほしいというより、**「読者の立場に立って言葉を選ぶ」というマインド**を、さらには「読者の立場に立った運営」を意識してほしいのです。

たとえば、冒頭に「オススメ記事」を何個も紹介している記事を見かけますが、本当に読者の立場に立っているのでしょうか？

読者は「検索意図」を持ってその記事にやってきているのに、冒頭から「こっちの記事も読んでね！」と**いろいろな記事へ誘うことで邪魔をしている**とも言えます。「みんながやっているから」と真似するのではなく、読者の本来の目的（記事を読んで疑問を解決する）を考えたブログにしましょう。

■ Check!

☐ 大前提は、その読者の「検索意図」を考えて書くこと
☐ 結局は「読者に満足してもらうこと」が一番大事

装飾はほどほどに……

よ～し！
今日は料理を
がんばるぞ！！

（今日はブログがんばるぞ！）

美味しく
するために……
いろんな
食材を
使おう！！

（読みやすいように
いろんな 装飾を使おう！）

カレーもキムチも
ラーメン納豆
お好み焼きに……
ヨーグルトも
プリンもケーキも
全部入れちゃえ！

ぐつぐつ

（青文字に赤文字、黄色文字
ピンクの文字に紫の文字……
全部使っちゃえ！）

ど――――ん

さぁ！
食べてみて！！

（さぁ！読んでみて！！）

ここで紹介するポイントは「メリハリ」です。

メリハリをつけるために大きな文字や太い文字を使いますが、それはたまにあるからメリハリが出るのです。たとえばこちらの青いなかにある白丸のような状態が「メリハリがある」ということです。

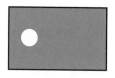

白丸が青い四角のなかに1つだけなので非常に目立ちますよね？ ところが、白丸を増やしすぎるとこちらのようになります。

目立つからと白丸をどんどん追加すると、白丸が増えすぎて、逆に青い背景のほうが目立つ始末です。「読みやすいブログ」にするには「メリハリ」はとても大切です。

1画面に見える文章は「少なく見せる」

読者から、「読むのが面倒くさそうだ」という
印象を持たれると、あなたの記事は
読まれません。1画面に見える文章を
少ないように見せ、「簡単に読めそう」と
思わせる工夫が必要です。
このChapterでは文章の密集度を下げ、
「ラクに読めそう」と感じてもらう
方法を紹介します。

01 「メリハリ」を意識する

ほとんどの人がスマホからブログを見ているため、スマホから見て文章が少なく見える工夫は必須条件になっている。そのコツとは?

パッと見の印象を考える

このChapterでは、**書かれている文章の意味は考えずに、パッと見たときの印象だけを考えていきます。**ということです。ミュージシャンの歌う曲を、歌詞を無視して「音（音楽）として聴く」という感覚に近いかもしれません。

Chapter 03-04では「ひらがな」「カタカナ」「漢字」を使って、意味を伝わりやすくするコツについて紹介しましたが、**今度は視点を180度変え「ビジュアル（見た目）」だけに焦点を当てましょう。**

たとえば漢字だけを使った文章は、ビジュアル的にも読みづらくなります。漢字は「ひらがな」よりも画数が多く、圧迫感が強いからです。少し極端な例ですが、画数の多い漢字を並べた意味のない文と「ひらがな」だけの文をご覧ください。

爨籌蠢鱻蠱蠶釁鑄鑪鑵鑷鑽戀靆靉鹹鰤鰡魳鱸鶩鷥鸚鸛鸞

あいうえおかきくけこさしすせそたちつてとなにぬねの

なんと言うか……漢字は「黒っぽい」ですよね。逆に「ひらがな」だけだと、こんなに「白っぽい」のです。

あらためて見ても、同じ言語の文字とは思えないほどです。漢字の比率が高くなると読みづらくなるだけでなく、**圧迫感が強く、ビジュアル的にも読む気をなくする**ということです。「漢字」と「ひらがな」の比率には注意し、漢字だらけになるのを避けましょう。ひとことで言えば、見た目の「メリハリ」が必要だということです。**「ひらがな」が主体の文章のなかで、ときどき漢字が出てきてアクセントになる**というイメージです。

メリハリのために文字の装飾をする

ビジュアル的に「メリハリ」があると、文章の密集度が下がります。その**メリハリとして効果的なのが文字の装飾**でしょう。たとえば、文章に適度な「太字」があるとほかの文字（太くない文字）との対比で読みやすくなります。

太字があると読みやすい

わたしは文字入力が速いし、好きです。でも1つだけ**文字入力で大嫌いな作業**があります。

それが、**日本語に変換する**という作業！

これ、英語のような言語には存在しないムダな作業です。

ただでさえ嫌いなのに「**変換候補の中から入力したい単語を探す**」という苦痛が待っています。

太文字装飾をするときのコツは、太文字だけを目で追ったときに「なんとなく内容がわかる」ようにすることです。読者はスマホで流し読みをすることが前提なので、**流し読みをしやすいように太文字装飾を入れましょう。**

太字以外に「色のついた文字」や「大きな文字」も使えますが、種類は限定したほうがいいです。ときどき、文字の色や大きさに統一感のないブログを見かけますが、ごちゃごちゃした印象を与えるため信頼性が低く感じられます。

わたしは色のついた文字は「赤色」のみ使っています。**「太字」のなかでもとくに重要な部分だけ赤文字**にしています。

　もし赤以外にも使いたい場合は、「赤と緑のみ使う」といったルールを決め、必ず守りましょう。

色についてのルールの例
- 赤 …… 警告
- 緑 …… 覚えておいてほしいこと

　これはあくまで例ですが「この色はこういう意味」というルールを決めたら、徹底して守ってください。

　使うのは、明るすぎる黄色のような色や、**リンクテキストと同じ「青色」は避けましょう**。青色だとリンク先のようで「クリックできる」と思われてしまい、「クリックしてもリンクになっていない！」と思われ、ストレスになります。

薄い文字や青い文字は避ける

> 黄色など薄い文字は読みづらい。
>
> 青い文字はリンクと勘違いしてしまう。

　文字の大きさを変える場合も同じく2～3種類の大きさだけに限定し、それ以外のサイズは使わないようにしましょう。

「装飾文字」は比率が少ないから効果的である

「装飾文字を使いましょう」というと、過剰に太文字や大文字を使いすぎる人がいます。ひどい例だと、記事内にある**半分以上の文字が太字になっているため、太字にしている意味がない**こともあるほどです。

太字が目立つのは**「太字ではない文字」**のなかにたまにあるからです。比率が低いから目立つのであって、ほとんどが太字になってしまうと目立ちません。会社に派手なピンクの服を着ていくとかなり目立つと思いますが、「まわりにピンクの服を着た人がいないから」という理由と同じですね。もしピンクの服が制服なら、会社でピンクを着ても目立たないようになります。

　文字装飾を入れるときには、1つの文すべてではなく、本当に目立たせたいところだけにするのもポイントです。

【×】**人間とは賢くもあり、愚かでもある生き物**だ。
【○】人間とは賢くもあり、**愚かでもある生き物**だ。

　この例のように**太字の部分を厳選**することで、より目立つようになります。

同じ色の服ばかりだと目立たない

1人だけ服の色が違うと目立つ

Check!

☐ 文字の色使いは、ブログでルール化して統一する
☐ むやみに装飾文字を多用しないこと

02 スマホから見て1段落は2〜4行以内に

ブログの記事をパソコンで書いていると、どうしてもパソコンの画面での見え方を意識してしまいがち。あらためて読者の大半はスマホで記事を読んでいるということを念頭に。

常に「スマホで読まれること」を意識する

スマホからブログを見るときは、「横長」であるパソコンの画面とくらべると、**かなりの縦長の画面で読む**ことになります。

とくに文章がダラダラと続くと、パソコンで読むよりも「読みにくさ」が顕著になるのです。次の2つを比較してみてください。

ダラダラ続く文章は読みづらい（左：悪い例／右：いい例）

悪い例	いい例
た。周りは田んぼばっかり、自然いっぱいの中です。虫捕りが大好きで、特にトンボに興味を持ち、夏はいっつもトンボばっかり追いかけていました。逆に車とかメカニックなものには興味を持ったことがありませんでした。内弁慶で恥ずかしがり屋だったわたしは、小さい頃から絵を描くことが大好きでした。記憶している範囲では3歳ぐらいから描いていましたね。とにかくトンボの絵を描くのが好きで、毎日ひたすら描いていました。トンボの色とその造形が好きだったので、今の色彩感覚はそのころに培われたのかもしれません。小学校からゲームのイラストばかりにその後、小学校低学年のときにファミコンが登場し、スーパーマリオのとりこに。そして高学年のときにドラクエ3が出て、すっかり魅了されました。興味がトンボからゲームに移るにつれ、描く絵もトンボからゲームのキャラに変わっていきました。中学時代まで生き生きと描いていた絵ですが、高校ではやめてしまいました。「なんで大好きな絵をやめたの?」と思われますよね。実は当時、ネガティブな意味での「おたく」って言葉が流行っ	周りは田んぼばっかり、自然いっぱいの中です。 虫捕りが大好きで、特にトンボに興味を持ち、夏はいっつもトンボばっかり追いかけていました。 逆に車とかメカニックなものには興味を持ったことがありませんでした。 内弁慶で恥ずかしがり屋だったわたしは、小さい頃から絵を描くことが大好きでした。 記憶している範囲では3歳ぐらいから描いていましたね。 とにかくトンボの絵を描くのが好きで、毎日ひたすら描いていました。

左側の例は、文章の「密集度」が高くて読みづらそうです。逆に、右側の例は段落と段落の間に余白があり、読みやすく見えませんか？

　心がけてほしいのは、**「スマホで見たときに１段落は２〜４行以内」**
というルールです。「スマホで見たときに」というのがポイントで、
パソコンで記事を書いていても常に「スマホで読まれること」を意識
しましょう。

段落内の改行は基本的に不要

「ネットはパソコンで見るもの」という時代では、次の例のように「文中に適度な改行を入れる手法」がとられていました。

> **わたしはピザが好きなのですが、**↵
> **そのなかでもとくにクアトロフォルマッジ**↵
> **という種類のピザが好きなんです。**↵

　このような改行の仕方は、パソコンからは読みやすかったのですが現在は逆効果になっています。改行だらけの文章をスマホから見ると、**必要以上に記事が長く見えるからです**。それを防ぐために１行の表示を多くすると、ある端末ではきれいに見えるけれど、画面サイズの小さい端末で見ると改行がズレるという問題が生じます。

> **わたしはピザが好きなのですが**
> **、**↵
> **そのなかでもとくにクアトロフォ**
> **ルマッジ**↵
> **という種類のピザが好きなんで**
> **す。**↵

そこで、どの端末で見ても改行がズレなくするために、わたしは**段落内での改行（「Shift ＋ Enter」の改行）を基本的に避けています**。段落内の改行をなくしてしまうと、今度はパソコンで見たときに横に文字が長くなりすぎる問題が起こりますが、これに関してはあとの節で紹介している「CSS」で調整できます。

文の長さにもメリハリをつける

Chapter 03-01でも話しましたが、1つの文が長くなると文法が複雑になり、伝わりづらくなります。それに加え、**文章の密集度も高くなり、「読むのが面倒くさそう」という印象も与える**のです。具体的には、1文だけで10行になったとすれば、あきらかに「複雑な文」だと言えるでしょう。

かといって、安易に1つの文ごとに段落を変えるのもオススメしません。「メリハリ」という話をしましたが、**文の長さにおいてもメリハリがあったほうがいい**からです。

次の例のように、短文が何行にもわたると単調で稚拙に見えてしまいます。

例

先日、ラーメン屋さんに行きました。

ラーメン屋さんの名前はヨス屋です。

ヨス屋のオススメは味噌ラーメン。

絶妙なので、ぜひ食べてほしいです。

このような場合は、**逆に２つの文をくっつけて長い文を作り、単調さをやわらげるようにしましょう**（ただし、長くなりすぎる文はNGです）。

> **例**
>
> **先日、ヨス屋というラーメン屋さんに行きました。**
>
> **ヨス屋のオススメは味噌ラーメン。**
>
> **味噌の味が絶妙なだけでなく、載っているチャーシューも最高なので、ぜひ食べてほしいです。**

　「メリハリ」を考えることは、デザインや文字の装飾だけでなく、文章の読みやすさにおいても重要です。

スマホで
読みやすい!!

Check!

□　記事はスマホ１画面の文字量を意識して書く
□　パソコンでやっている「段落内の改行」はやらない

03 「見出し」を入れ密集度を下げる

「見出し」は、ただなんとなくほかのブログをマネして入れるのではなく、見出しが存在する意味を考えることで、より読者の立場に立った記事が書けるようになる。

見出しがあると「密集度が下がる＋情報を探しやすくなる」

　新聞の紙面にある大きな文字は「見出し」と呼ばれます。ブログでも見出しは重要です。見出しの役割をお伝えする前に、まず次の画像をご覧ください。見出しがある例と、見出しがない例の比較です。

見出しがあると密集度が下がる（左：悪い例／右：いい例）

このレストランの営業時間は11:00〜21:00になっています。ラストオーダーは20:30なので、その点にはお気をつけください。そして、場所は最寄りの駅である新宿駅から歩いて1分という便利なところにあります。わたしの場合は職場から近いので自転車で3分程度で行けるのでラッキーです。では、気になるオススメの料理はなんでしょうか？　テレビなどでも話題になったことがあるので知っている人も多いかもしれませんが、セレブピザです。ただし、ただのピザではありません。なんと、ピザの上にたこ焼きが乗っています。わたしもはじめてこのピザの存在を知ったときは「ピザに

アクセス

そして、場所は最寄りの駅である新宿駅から歩いて1分という便利なところにあります。わたしの場合は職場から近いので自転車で3分程度で行けるのでラッキーです。

オススメの料理

では、気になるオススメの料理はなんでしょうか？　テレビなどでも話題になったことがあるので知っている人も多いかもしれませんが、セレブピザです。ただし、ただのピザではありません。なんと

見出しのない左の文章より、右の文章のほうが、密集度が下がっているように感じられませんか？

その理由は、見出しによるビジュアル効果です。見出しによって、**ビジュアル的にも「区切り」のような役目になり、密集度が下がる**のです。

ブログで「見出し」が必要な理由

「見出しはビジュアル的に重要である」というのは、**「情報を探す」という観点からも重要**です。

前のページで紹介した画像をもう一度ご覧ください。読者が「このレストランのオススメ料理はなんだろう？」と思いながらこの文章を読んでいるところを想像してみてください。

左の例のように見出しのない記事だと、1文1文からポイントを探さなくてはなりません。まるで、高校入試や大学入試の長文問題で「答えを探すような苦行」に思えてしまいます。

見出しを使わない文章の致命的な点は、情報が文章のなかに埋没してしまうことです。**見出しを入れることで、文章の密集度が下がるだけでなく、情報も探しやすくなる**のです。見出しは道路にある標識のような役割とも言えます。

記事の内容によっては、見出しに「数字」を入れるのも効果的です。たとえば、「忘れ物を防ぐ**10のコツ**」のようにタイトルに数字が入った記事などでは必須です。

見出しに数字を入れ【5】メモを取る習慣を身につける」のような見出しにしないと、**今読んでいるのが「10個のうちの何個目なのか？」**がわかりません。何個目なのかがわからないと「この記事、長いなぁ……。どこまで続くんだよ」というストレスを与えてしまいます。

見出しは、単に大きな文字というだけではない

　最後になりますが、見出しについて重要なポイントです。「見出し」は、単に文字を太くしたり色を変えたりしているだけではありません。挿入するときには、必ず**「見出し」という項目を選んで指定**しましょう。次はWordPressの画面でのやり方です。

【WordPress】「見出し」の挿入

　多くの場合は「見出し2」を選んでやればOKです（見出しについては、Chapter 06でもう一度くわしく紹介します）。

Check!

□　見出しが文章の「区切り」になり、「密集度」が下がる
□　見出しを入れることで、読者は情報を探しやすくなる

04 画像を適度に挿入する

たとえ読みやすい文章だとしても、文字だけをダラダラと読ませるのは読者の離脱を招いてしまう。効果的に画像を入れていくのがポイント。

画像を入れて文章を分散させる

　ブログは基本的に文章が主体ですが、イラストなどの「画像」があれば読みやすくなることは言うまでもないでしょう。視覚に訴える画像は理解するための「大きな助け」になってくれます。

　そして、「画像」の持つもう１つ別の役割が、**文章の密集度を下げてくれる**点です。次の図をご覧ください。

画像の位置次第で文章量も変わって見える

　左側の例では、「見出し」の直後に画像を入れています。そのため画像のあとに文章がまとめて押し寄せて来ることになり、文章の密集度が高く見えませんか？　逆に右側の例だと、**文章と文章の合間に画**

像があるため、文章が分散され少なく見えます。

　文章だけが密集していると、必要以上に難しそうな印象を与え、読む気がなくなりますが、画像があるだけでとっつきやすくなります。**文章がズラーっと続いている部分に「はし休め」的に画像を入れるのがコツ**です。

効果的に画像を入れる3つのポイント

　ここでは、記事内に画像を効果的に使うポイントをまとめておきます。

❶ 冒頭に魅力的な画像を入れる

　たとえばレストランを紹介するグルメ記事の場合、どんな「検索意図」を持つ人が読みに来るでしょうか？　「お店の名前」で検索して、「そのレストランについて知りたい」という人だと予想できます。しかも、スマホから見る人がほとんどというなかで、冒頭が文章だらけだと読む気がなくなるでしょう。

　グルメ記事で目にする**「もったいない」と感じる失敗が、かなり下までスクロールしないと料理の画像が出てこない**ことです。

　読者は「この記事はもういいや」と思った瞬間に読むのをやめてページから離れるため、記事の**下のほうほど見られる確率が下がります。**もしかすると、上部に美味しそうな画像があるだけで最後まで読んでもらえたかもしれないのに。つまり、最後まで読まれるようにするためには、上部に美味しそうな画像を入れたほうが効果的なのです。

　たとえば、記事の下のほうで使っている「もっとも魅力的な画像」は冒頭部分でも使いましょう。1つの記事内に同じ画像を2度使ってはダメというルールはありません。むしろ**魅力的な画像なら、1回しか使わないのはもったいない**くらいです。

❷ 画像はたくさん使う

　たとえば、レストランや商品を紹介した記事に画像がないのはあり

えません。**画像はできるだけたくさん載せる**ようにしましょう。画像が多いと「伝わる情報」も多くなるため、必要なら画像が30枚以上になっても問題ありません。

わたしの場合、記事によっては画像が100枚を超えることもあります。もちろん画像サイズの圧縮は必要で、WordPressなら「EWWW Image Optimizer」というプラグインがオススメです。

EWWW Image Optimizer

https://ja.wordpress.org/plugins/ewww-image-optimizer/

❸ 画像の「代替テキスト」をしっかり設定する

画像を挿入するとき「代替テキスト（＝ alt：オルト）」の設定をしておきましょう。代替テキストとは、画像がなんらかのトラブルで表示されないときに、代わりに表示される文字のことです。

さらに言うと、Googleは画像を読み取ることができないため、「この画像がなにを表しているのか？」をGoogleに伝えるためにも利用されています。

【WordPress】画像の代替テキスト

WordPressなら画像挿入時に「代替テキスト」を設定するところがあるので入力しておきましょう。この画像の下のほうにある「キャプション」という欄にも同じ文言を入れておけば、ブログを見たときにも画像の下に説明文が表示されるようになります。

ただし、装飾のためだけに入れている画像や、とても小さな画像などには代替テキストを入れる必要はありませ

ん。Googleに「これはこんな画像だよ」と伝えたいものには必ず入れておきましょう。

【参考】画像の輪郭が入る設定を

最後にオマケとして、画像には輪郭が入るようにしておきましょう。輪郭がないと、次のように「どこからどこまでが画像の領域なのか？」がわかりません。

輪郭がないと境界線がわからない

境目がわからない

このような例は「スマホアプリのスクリーンショット画像」でよく見かけます。画像自体に輪郭を入れるのではなく、すべての画像に輪郭が入るようにレイアウトのプログラム（CSS）で設定すれば一瞬で解決します（CSSについては後述します）。

　ちなみに、ブログで使う画像の縦横比は統一しておくときれいです。わたしの場合は3：2（もしくは2：3）になるべく統一しています。

```
Check!
□ 画像は文章の密集度を下げる役割がある
□ 一番見てほしい画像は、思い切って記事の冒頭に
```

05 マンガのような 「吹き出し」を活用しよう!

**「吹き出し」はマンガの世界だけでなく、ブログでも
活用できる。効果的に取り入れることで、より親しみ
やすく、読まれるブログにしていこう。**

吹き出しを効果的に使う5つのコツ

「吹き出し」とは、しゃべっているように見える**マンガの吹き出しデ
ザインのテキスト**のことで、ブログの文章を少なく見せるためにオス
スメです。

　最近のWordPressテーマでは、デザインの1つとして用意されてい
る場合が多く、使い方によってはかなり効果的です。たとえば以下の
「無料のWordPressテーマ」にも搭載されています。

吹き出しが使用できる無料のWordPressテーマ

- Cocoon（コクーン）
- yStandard（ワイ・スタンダード）
- Luxeritas（ルクセリタス）

ここでは、吹き出しを効果的に使うコツについて紹介します。

❶ **文章の合間のアクセントとして**

　まずは、文章ばかりが続いて読みづらい箇所に、**画像を挿入する感
覚で吹き出しテキストを使う方法**です。次のページの2つの例のうち、
吹き出しを使っている右の例のほうが不思議と文章が少なく見えませ
んか?

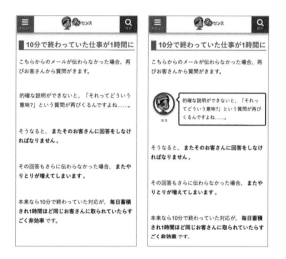

　記事をひと通り書いたあと、誤字脱字のチェックをしながら**文章の一部を吹き出しに変える**……という手順がやりやすいです。

❷ 難しい説明の「補足説明」

　吹き出しを「補足説明」として使うのも便利です。たとえば「木曜だと20％オフで買えます」という文があったとして、その下に吹き出しで「**クレジットカードで支払うとさらに５％オフですよ！**」というように吹き出しで表現します。

　補足を「補足ですが……」と書くよりもスマートに表現できるので重宝します。

❸ 説明くさくなるところでテンポをよくする

　文章だけだと説明くさくなりますが、**２人のキャラクターの会話のなかで説明させる**と一気に解決します。これはマンガでもよく使われる手法です。たとえば、第１話の冒頭で「世界観」を伝えるときに長々とストーリーを書くのではなく、町人たちのうわさ話のなかで世界観を説明させるような方法ですね。

このテクニックをブログの「吹き出し」で使うときは、架空のキャラクターを作って対話させるのもいいでしょう。

架空のキャラクターを作って対話させる

▶ ヒガシーサードットコム
（ https://higashisa.com/ ）

左の画像は写真のうまいブロガー・ヒガシーサーさんの例です。初心者がよく持つ「カメラに対する疑問」を**架空のキャラ「初心者さん」に代弁させています。**文章の密集度を下げるだけでなく、理解度も高めている好例です。

この「ほかの誰かに話させる」方法ですが、自分が「教える側」になるのではなく、**読者と同じ「教わる側」の視点にする**こともできます。

専門家の説明を読者と同じ視線で聞く

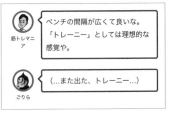

▶ ごりらのせなか
（ https://www.goriluckey.com/ ）

左のごりらさんの例では、くわしい人のウンチクを読者と同じ視線で聞いています。**ごりらさんの疑問と読者の疑問が重なっている**ため、感情移入しながら流れるように読めてしまいます。

❹ 読者の思考を先まわりしてツッコむ

Chapter 03-07で紹介した「読者の思考を先まわりして、自分でツッコむ」というテクニックを使うときにも使えます。

❺ 感情を大きく表現

　吹き出しは、感情を表現したいときにも使えます。似顔絵の場合、わたしは次の５つの表情を使い分け、さまざまな感情を表現しています。

吹き出しに使える５つの表情例

基本　　喜　　汗　　泣　　驚

　ポイントはセリフが右にあるなら、アイコンも右向き（話しているほうを向く）にすること。そして、複数の感情で使いまわせるような表情にすることです。たとえば、「泣き」の表情は「悲しみ」と「感動」にも使え、「驚き」の表情は「怒り」にも使えます。

「吹き出し」は文章の密集度を下げるだけでなく、自分のアイコンを「覚えてもらいやすくする」ためにも効果があります。

　ただし、便利だからといってついつい使いすぎてしまうと、逆に読みにくくなることがあるので注意が必要です。ここでも「メリハリ」が重要で、**文章のなかでたまにあるからこそ効果的**なのです。

■ Check!

☐ 効果的な吹き出しは、記事のなかのアクセントになる
☐ 多用しすぎないことが大切

06 文章以外の「バラエティ豊かな表現」を使おう!

スマホから画面を見たときに、文章が占める割合をどれくらい少なくできるかがポイントになってくる。

画面のなかでの「文章の占める比率」を少なくする

文章の密集度を下げる大きなポイントは**「文章とはビジュアル的に異なる要素」**を入れることです。

「本文ではない要素」を入れる

Apple 純正	×	○	×	×

- ハード・ソフトケースは安価な製品が多く、耐衝撃性能が高い
- Apple純正ケースは質感はよいが、価格が高い
- 手帳型ケースは高機能だが、価格が高く持ちにくい

という感じだろうか。

チー 完璧なケースなんて存在しない

▶アナザーディメンション
(https://estpolis.com/)

画面のなかでの「文章の占める比率」が下がれば読みやすそうな雰囲気に見えます。

この例のように、表、箇条書き、吹き出しといった「本文ではない要素」がたくさんあると、「読むハードル」が低くなります。

理想は**スマホからどの部分を見ても「文章以外の要素」が見えるようになることです**。完璧にすることは難しいですが、意識してみてください。

画像以外で文章の密集度を下げる4つの方法

　ここでは、文章の密集度を下げるために使える4種類の方法を紹介しましょう。

❶ 箇条書き

　箇条書きを使うと、文中で埋没しがちなキーワードを端的に見せることができます。たとえば、**商品などの「特徴」を紹介するとき**です。わたしはほとんどの記事で使っています。

「ふつうの箇条書き」と「番号のある箇条書き」の2種類があるので、よりわかりやすいほうをそのつど考えて使いましょう。番号付きの箇条書きは、手順を伝えるときに活用できます。

❷ 表（テーブル）

　表（テーブル）は、複数の要素を俯瞰して見せたいときに便利です。たとえば、スマホの**「旧機種」「新機種」の比較**など。

　横幅の狭いスマホで読まれることを意識して、横の列数が少なくなるようにするのがポイントです。

❸ ボックス（囲まれた領域）

「ボックス」と呼ばれる「囲まれた領域」を使う方法もあります。説明よりも見たほうが早いので、ご覧ください。

> たとえばこちらのような領域です。

　こちらも「吹き出し」のように、最近のWordPressテーマではデザインとして標準装備されているものが多いです。文章の合間で印象に残らせることができます。「注意」「参考」「メモ」のように注目を集めたいところに使うと効果的でしょう。

❹ 地図や動画の埋め込み

　ほかにも**地図を文章の合間に埋め込む**方法もあります。レストランや遊園地などの記事なら、その場所も情報としてあると便利ですよね？　住所を入れるだけでなく、Googleマップの地図をブログに埋め込むと視覚的にわかりやすいでしょう。

　地図だけでなく**「ストリートビュー」**を使って街のなかの風景を挿入したり、**「Google Earth」**の衛星写真を挿入したりできるので、自分で撮影した写真では表現できない雰囲気も伝えることができます（※スクリーンショットを撮っての使用は規約違反とされています）。

　また、記事のなかに動画を埋め込むのもオススメです。動画は、文章や画像よりも、さらに伝えられる情報が増えます。可能であれば、スマホを使って自分で動画を撮影し、それを**YouTubeに投稿**しましょう。投稿した動画はブログのなかに自由に埋め込むことができます。

　動画と言っても、YouTuberのように自分が出演しなくてもかまいません。**ブログ記事に「補足」として入れるイメージで、読者の理解度を高めるために利用する**のです。

　このように、文章の密集度を下げる方法はいろいろあります。ぜひ試してみてください。

　　■　Check!

　□　できるだけどの部分を見ても「文章以外の要素」が
　　　見えるようにする

　□　動画は文字や画像より伝える情報量が多いため、記事内に
　　　埋め込みとして入れてみよう

07 ブログを読みやすい デザインにする

デザインによって、文字の密集度を下げることができる。「余白」を効果的に使うことで、より読みやすいページ作りをめざそう。

「余白」をうまく使えば、文字の見え方が変わる

　ブログ内の文字の密集度を下げるために、ここまでいろいろなテクニックを紹介してきました。最後にデザインについても触れておきます。

　ブログのデザインを変更するだけでも密集度が下がり、文章が読みやすくなります。**デザインのポイントは「余白」の使い方です。**余白をうまく使うことで、視覚的に文字の見え方が変わります。

❶ 文章の行間

　文章の行と行の間のスキマのことを「行間」と呼びます。右側の例のように**行間があるだけで密集度が下がります。**

左：行間のない例／右：行間をとった例

この文章ですが、行間をあえてなくしました。行間というのは文字1行1行の間のスキマです。行間がないと窮屈な印象になって、文章が密集しているように見えますよね。	行間を少し増やすだけで、かなり見やすくなりますよね。全体的に窮屈な感じが無くなりました。

❷ 1行の文字数

　1行に入る文字数は、パソコンの画面だと**35文字ぐらいが読みやすくなります**。次の例で見くらべてみてください。

上：1行が55文字ほど／下：1行が35文字ほど

> 1行に文章をたくさん詰め込まれているように見えると、文章が思っているよりもたくさんあるように見え、読む気がなくなりますよね。そんなに難しいことを書いていないとしても、「なんか難しそうだな……」という印象を与えてしまいます。そのため、読む前からネガティブな印象を与えてしまうことでしょう。

> 1行の文字数は35文字程度がちょうど読みやすいとされています。上の例と比べてこの文章はいかがでしょうか？　横幅を小さくすることで、文章の密集度が緩和されていませんか？　ちなみに文字の大きさは上の例と同じです。

　1行に表示される文字数が多すぎると読みづらいですよね。スマホの場合は**1行が20文字程度が読みやすい**です。あまりに文字が大きすぎても、ページが無駄に長くなってしまいます。

❸ 段落まわりの余白

　段落まわりの余白も、読みやすいように調整しましょう。左側の例には余白を入れていませんが、右側には段落ごとに余白をとっています。

左：段落まわりに余白がない／右：段落まわりに余白をとった

> 段落と段落の間に、余白がまったくないと窮屈な印象を与えてしまいます。
> この文章を見ても段落と段落の境目が、ほとんどわかりませんよね。
> せっかくスマホでも読みやすいように段落をわけていてもこれでは意味がありません。
> 何度も言いますが、読みにくいと思われるとすぐに離脱されてしまうのがブログですから。

> 段落と段落の間に余白を多く取ってみると、こちらの文章のように密集度が緩和されます。
>
> いかがでしょうか？
>
> これならスマホで読んでも読みやすそうですよね？

　ちなみに、「改行」を連打するのではなく、後述する「CSS」というプログラムで調整します。

❹ 見出しまわりの余白

見出しまわりの余白はかなり重要です。次の例をご覧ください。

左：見出しまわりに余白なし／右：見出しまわりに余白あり

ここまでが前の文です。
■ブログには見出しが重要
この文のすぐ上にあるのが「見出し」です。見出しは、
その後に続く内容を要約したものが望ましく目立たな
ければ意味がありません。こちらの例のように、見出
しのまわりに余白がないと、どこが見出しなのかがわ
かりづらいです。文章の中に完全に埋没してしまい、
見出しにしている意味がありませんよね。

ここまでが前の文です。

■ブログには見出しが重要

見出しの上下に余白を入れてみたら、一気に見出しが
目立つようになりました。

見出しは目立たないと意味がありませんから。

左側の例では、見出しのまわりに余白がいっさい入っていません。見出しまわりに**余白をつけると見出しが文中に埋没しなくなります**。

見出しのまわりに余白を入れるときのコツは、**見出しの上側の余白を多めにとる**ことです。次の図をご覧ください。

見出しの上の余白を多めにとる

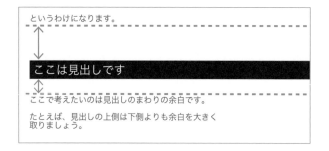

見出しの上下の余白の広さに差をつけ、上側の余白を広くとることで、**「この見出しが下にある文章に属する」**ということが視覚的にわかりやすくなります。

❺ 太字の両側の余白

太文字の両側の余白を少し空けることで、密集度が少し下がります。

こちらが**太字**です。　　こちらが **太字** です。

❻ 箇条書きの背景の色

箇条書きは文章の密集度を下げるために有効です。背景に色味を入れるとさらに読みやすくなります。

ブログを始めるために必要なものはこちら。

●やる気
●熱意
●勢い

これさえあれば大丈夫です。

ブログを始めるために必要なものはこちら。

●やる気
●熱意
●勢い

これさえあれば大丈夫です。

箇条書きの背景に色があることで、**視覚的にも本文と箇条書きが区別されます**。見た目的にも窮屈さがさらに緩和されます。

CSSとは「デザインを調整する魔法」

6つのポイントについて紹介しました。これらを調整するには、WordPressに「CSS（スタイルシート）」というレイアウトのプログラムを追加する必要があります。

CSSはインターネット上で、デザインを調整するプログラムです。

WEBサイトはHTMLというコードで書かれていて、前節で紹介した「見出し2」なら、実際には次のようなコードで書かれています。

\<h2\>ここに見出しが来ます\</h2\>

　こうすることで、\<h2\>と\</h2\>に囲まれた部分が「見出し2」だということがGoogleに伝わるわけです。でも、肝心のデザインはHTMLではうまく設定できません。そこで登場するのが、次のようなCSSコードです。

h2 { color : red ; font-size : 180% ; }

　これを「CSSを記述する場所」に適切なルールに基づいて書くことで、そのサイト内にあるすべての「見出し2」のデザインを変更できます。ちなみに、上記のCSSの内容は「色＝赤」と「フォントの大きさ＝180％の大きさ」という意味です。
「なんだかよくわからないぞ！」と思ったら、CSSは「ブログのデザインを調整する魔法」とだけ覚えておいてくださいね。

　CSSについて学びたい場合は、本書の12ページにあるQRコードから入れる「特設ページ」から、CSSの勉強ページに行くことができます。ぜひ参考にしてみてください。

■ Check!

☐　デザインの「余白」は文章の密集度を下げる
☐　CSSで細かなデザインを調整していこう

ファンを増やすために
大切なこと

世のなかには数え切れないほどの
ブログがあります。そして、そのブログの
なかには、ほとんど読まれることのない
ブログもあれば、毎日何千人、何万人という
人が訪問するブログもあるのです。
どうすればファンが増えるのでしょうか？
このChapterではファンを増やすために
知っておきたいことをまとめます。

01 覚えてもらえる ブログとは?

ファンになってもらうために大切なことは、まずブログを 訪問した人に覚えてもらうこと。

「あとで思い出せる人」と「あとで思い出せない人」の違い

　あなたのブログのファンになってもらうためには、基本的には**「覚 えてもらえるような工夫」**が必要になります。ブログから少し話がそ れますが、こんな体験はありませんか?

❶ 100名以上の「知らない人」が集まるような交流会に行った
❷ その交流会で100名ぐらいの人と話をした
❸ 家に帰って、もらった名刺を見返したが「これってどの人だっけ?」 と思い出せない人がいる

「そんな体験あるある!」とうなずく姿が見えるかのようですが、考 えてみてください。100名の人と会話をしたとしても、**あとからしっ かりと思い出せる人もいます**よね?

　その「あとで思い出せる人」と「あとで思い出せない人」の違いは なんでしょうか?「あとで思い出せない人」とは、よく聞くような話 しかしていなかった可能性が高いです。容姿も特徴がなかったので しょう。つまり、**印象に残らなかったのです。**

　その人が面白くなかったのかというと別の話で、単にその交流会で の会話で印象に残らなかった……ということです。「印象に残らない」 ということは、今後の交流も期待できないでしょう。

覚えてもらえないブログになるな！

　覚えてもらえないブログも同じです。次のようなブログを覚えてもらうのは、正直なところ難しいでしょう。

覚えてもらえないブログの特徴
- ほかのブログと「同じ対象」について書いている
- ほかのブログと「よく似た内容」を書いている
- 画像はすべて「フリー素材」を使っている

　そこで重要なのが、Chapter 01-02でも触れた「あなたらしさ（個性）」です。とくに、「好きなこと」「得意なこと」「興味のあること」を書くことで有利になってきます。

　なぜなら、感情がこもっている記事が書け、その結果として質の高い情報になるからです。そうなると、覚えてもらえるようになり、ファンになってもらえる確率もアップするでしょう。

「個性を出すぞ」と意気込まずに、話すような気持ちで書くだけで個性は自然と出ます。とくに「好んで使う表現（擬音語、擬態語など）」や「たとえ話」には個性が宿ってくるので、ふだんの会話にも敏感になってみてください。

Check!

- ☐ 覚えてもらいづらいブログはファンも増えない
- ☐ ふだんの自分が話すような言い方で書くと個性が出てくる

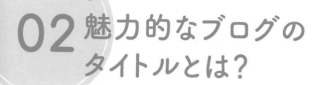

02 魅力的なブログのタイトルとは?

ファンを増やすためには、あなたのブログのタイトルを魅力的なものにしよう。

「面白くなさそうオーラ」は出すな!

ブログの「タイトル(名前)」は自由に決めていいのですが、ここでも忘れてはいけないのが、**ほとんどの読者はあなたのことをまったく知らない**という事実です。できるかぎり、興味を持ってもらえるブログのタイトルを考えてみましょう。

ネットで次のようなタイトルのブログをよく見かけませんか?

よく見かけるブログタイトル

- ヨスのたわごと
- ヨスの独り言
- ヨスの気まぐれ日記
- ヨスのつぶやきブログ

こんなタイトルのブログで、自分のことをまったく知らない人が読みたくなるでしょうか?

面白くなさそうなオーラがリアルに見えてくるかのようです。これらに共通しているのは、無意味な謙遜です。「自分のブログは大したことないけど……」的な謙遜風味のあるタイトルは、**内容がよくても面白くなさそうに見える残念なタイトル**なので絶対に避けましょう。

タイトルを「凝った英語」にしない

　ブログのタイトルを英語表記にすることにも注意が必要です。アルファベットを使いたくなる気持ちはわかりますが、**日本語で書くブログの読者はほとんどが日本人だということを考えましょう。**

　ブログを覚えてもらうことを考えると、アルファベットは避けるのが無難です。たとえば、わたしのブログ「ヨッセンス」が「Everything Yos Learned（意味：ヨスが学んだものすべて）」というタイトルだったらどうでしょう。「え？」と思いませんか？　そもそも「ひとりよがり」な感じがしますよね。

　カッコいい英語のタイトルをつけて自己満足に浸っても、読者から見ると「覚えにくい」というのはデメリットでしかありません。**読めないブログタイトルに愛着の持てる人は存在しない**のです。

　どうしてもアルファベットを使いたい場合は、できるだけシンプルにすること、そしてカタカナで読みがなをつけるなどの工夫が必要です。……と、偉そうに言いましたが、わたしのブログも最初は「yossense」というタイトルでした。ちなみに、「yossense（ヨッセンス）」は、「Yos（ヨス）」＋「sense（センス＝感覚）」で「ヨスの感覚」という意味を込めています。

一般的な言葉から個性あふれるタイトルに……ごりらさんの例

　では、どういうタイトルがいいのでしょうか？　ずばり、覚えやすくて愛着の持てるタイトルです。**自分の名前を覚えてほしい場合は、ブログタイトルに自分の名前を入れるといいでしょう。**

　よくあるのは「自分の名前＋ログ」のようなものです。「ヨス＋ログ」で「ヨスログ」のような形ですね。

　京都に住むブロガー、ごりらさんの運営するブログのタイトルは、自分の名前が入っているものですが、ひと味違います。

▶ (https://www.goriluckey.com/)

「ごりらのせなか」というタイトルで、言葉として分解すると、**一般名詞の「ゴリラ」と「背中」を合体させただけ**です。どちらもふつうに使われる言葉なので、単体では珍しくありません（ニックネームの「ごりら」はゴリラ顔だからだそうです）。

ところが、ありふれた2つの言葉を合体させただけで、オンリーワンで**一度聞いたら忘れないインパクトになっています**。「ゴリラの背中」ではなく、平仮名で「ごりらのせなか」と表現しているのもセンスを感じさせます。

自分を覚えてほしいのか、ブログを覚えてほしいのか？

ブログのタイトルを決めるのはセンスと言えばそれまでですが、1つだけポイントをお伝えしましょう。それは、覚えてほしいのが「自分」なのか、「ブログ」なのかを決めることです。

覚えてほしいのは「自分」or「ブログ」？
- 自分を覚えてほしい………自分の名前をタイトルに入れる
- ブログを覚えてほしい……なにについてのブログなのかわかるタイトルにする

　もし、自分を覚えてほしいのではなく、**ブログ自体を覚えてほしい場合は、「なにについてのブログなのか？」がわかるタイトルにしましょう。**

　たとえば、わたしの運営する「英語びより」には「英語」という言葉が入っています。タイトルを見た瞬間に「英語について書かれているんだな」と予想できますよね？

　さらに、「英語びより」を略して「英びよ」とブログ内で呼ぶこともあります。日本語では４拍の音声が覚えやすく、リズミカルに聞こえるので、「**４文字に略せる**」という要素も、タイトルをつけるときの参考にしてみてください。

　ちなみに**ブログのタイトルは途中で変更してもいいので**、最初は深く考えなくても問題ありません（ブログの場所でもあるURLは途中で変更しないのがオススメですが）。先ほど紹介したごりらさんのブログタイトル「ごりらのせなか」は、もともとは「子どもとはじめる空手道」というタイトルでしたし、わたしの「英語びより」も最初は「英語発音マニア」というタイトルでした。

　ブログを運営しているうちに「これだ！」というタイトルが思い浮かんだら変更してもOKです。

■ Check!

☐　ブログタイトルに無意味な謙遜はいらない
☐　４文字（４音）に略せるタイトルは覚えてもらいやすい

03 アイコンは「顔出し」すべきなの?

「自分を覚えてほしいブログ」の場合、書き手の名前、アイコンも重要な要素。読者に愛着を持ってもらえる方法とは?

ありきたりな名前は避けよう

　今度はブログの書き手の名前……つまり、ブログ上でのあなたの呼び名を考えてみましょう。これはもちろん**本名ではなくてもOK**です。

　本当のニックネームでもなくてもかまいませんし、作家さんのペンネームのような別人の名前を作ってもかまいません。読者が**「この記事が役に立ったからメッセージを送りたい!」と思ったときに、呼びかけることのできる名前があればいいのです。**

　ときどき、ハンドルネーム(ネット上で使う名前)として「おっさん」や「3児のママ」のような表現を使っている人もいますが、その呼び名に当てはまる人が多すぎるため、印象に残りません。できるかぎり、ニックネームらしいものにしましょう。

どんな名前がいいの?

　では、どんな名前がふさわしいのでしょうか?　ブログ上での名前を考えるときのポイントはこちらです。

名前をつけるときのポイント

- 覚えやすい
- 愛着を持ちやすい
- 不愉快にならない

　凝った名前をつけたくなりますが、読者に覚えてもらえない可能性が高くなります。そうならないために、本名か実際に呼ばれているニックネームにするのがオススメです。

　ちなみにわたしの「ヨス」という名前は、本名である「ようすけ（Yosuke）」をローマ字にしたときの最初の3文字です。ただ、実生活では呼ばれたことのない名前だったので、最初は「ヨスさん」と呼ばれることに抵抗はあったのですが。

アイコン画像もあわせて決定しよう

　ブログ上で使う名前が決まれば、あわせて「アイコン画像」も決定しておきましょう。「アイコン画像」というのは、ブログやSNS上で使う自分の画像のことです。

　まず、オススメしたいのは**人間だとわかるアイコン**です（例外もあるため、それについては後述します）。書いているのは人間なのに、アイコンが風景だと一気に人間味がなくなるように感じませんか？「人間だとわかる画像」とは言っても、次のようなものは避けましょう。

避けたいアイコン画像
- アニメのキャラ／有名人などの画像
- 自分の子どもの画像
- フリー画像

　いずれも人間ですが、自分ではないですよね？　まず、**アニメキャラや有名人の画像だと権利の侵害になるので禁止**です。

　そして、自分の子どもの写真を使うぐらいなら自分の写真を使いましょう。「自分の写真を避けるのに子どもの個人情報はいいの？」と、心配に思う人もいるはずです。

　また、無料で使える**「フリー素材サイト」の人物画像をアイコンにするのは「なりすまし」に該当し、禁止されている**場合があります。

自分の顔は出したほうがいいの？

アイコン画像の話になると、決まって出てくるのが「自分の顔は出したほうがいいの？」という議論です。ブログで自分の顔を出しているわたしが言うのもヘンですが、**自分の顔写真を出す必要はありません**。顔を出すと、「つきまとい」などの危険もゼロではないからです。

では、顔写真を出さない場合、どんなアイコン画像がふさわしいのかというと、**顔の特徴がよくわかる「似顔絵」**です。わたしは顔写真も使っていますが、自分で描いた似顔絵のほうを主に使っています。イラストは表情をわかりやすく表現できたり、線が少ないため印象に残りやすかったりするからです。

とはいえ、「イラストなんて描けない！」という人が大半だと思うので、描ける人にお願いしましょう。安くイラストを描いてもらいたいなら、「ココナラ」というWEBサービスがオススメです。

ココナラ https://coconala.com/

「ココナラ」では、自分のアイコンだけでなく、ブログのタイトルロゴもお願いすることができるので活用してみてください。

よく見える位置にアイコンと名前を表示

そして、自分のことを覚えてもらいファンになってもらいたい場合は、サイドメニューや記事の下などに**名前とアイコン画像を表示して、全ページで見られるようにしましょう**。

せっかく作った名前とアイコンは、すべてのSNSで統一させるのがオススメです。たとえば、ブログとTwitterでアイコンが違うと同じ人ということが伝わりにくいです。

自分をキャラクターとして見せるヒトデさんの例

　自分の似顔絵を使うのではなく、自分を「キャラクター化」する方法もあります。ここでは、そのなかでも異彩を放っているブロガー、ヒトデさんの例を紹介しましょう。

　ヒトデさんは、次のような「ヒトデのキャラクター」を自分のアイコンにしています。

親しみやすいキャラクター画像

▶今日はヒトデ祭りだぞ！
(https://www.hitode-festival.com/)

　ヒトデさんがブログをはじめた当時、働いていた会社は副業禁止でした。そのため「自分がバレないようにすること」がヒトデキャラ発祥の理由だったそうです（現在は会社員を辞めています）。ヒトデさんの人気の秘密は、**「等身大のヒトデさん」がこのキャラクターに完全に投影されていること**です。実際の顔を出していませんが、**その中身は完全にヒトデさんそのもの**なのです。

　アイコン自体がかわいいこと、表情があることもヒトデキャラへの取っつきやすさにつながっています。そういう意味ではアイコンはオリジナルのもので、愛着の持てるものであればなんでもいいとも言えます。大切なのは「なにを書くか」です。

Check!

☐　書き手の名前は本名か実際のニックネームで
☐　アイコン画像は顔のイラストがオススメ

04 読まれるブログになるために「自分を知る」

読まれる記事の近道は、「人より少しくわしいこと」を書くこと。これまでの自分の人生を棚卸しすることで、書くべきことが見えてくる。

今までの人生を時系列で書き出してみる

　実は「読まれるブログ」を運営するうえで「自分を知ること」は必須条件なのです。「自分のことなんて知っているよ？」と多くの人は言うと思いますが、**人は自分のことを知っているようで意外と知らないものなのです。**

　自分をよく知るために、あなた自身について思いっきり書き出してみましょう。

自分について書き出してみる

- あなたが好き／嫌いだったもの
- あなたがやってきた／学んできたこと
- あなたが得意だった／興味があったこと

　時系列で思い出してみてください。今までの人生を「棚卸し」するようなイメージでしょうか。

　なかなか思い浮かばないときは、**家族や友達**などに**聞く**方法もあります。「そういえば小学校のころは昆虫にくわしかったよね？」などとアドバイスがもらえるかもしれません。

　がんばって20〜30個ぐらいは書き出せるでしょうか？　幼少期は、小学校のときは……のように**思い出せるものをあますところなくすべて書き切りましょう。**

自分について具体的に書き出せると、どういう記事を書いていけばいいかの指標になります。好きなこと、得意なこと、興味のあることを書くのが、ブログが続くコツです。

ブログに書くのは**「現在」好きなことではなく、過去のことでもかまいません。**今はそこまで興味がなくても、中学校のときにサッカーが大好きだった人は一般の人よりサッカーにくわしいはずです。

自分にしかない「かけ合わせ」を知る

自分のことをよく理解できたなら、そのなかで**自分にしかない「かけ合わせ」**を見つけてみましょう。それが見つけられると、**あなたのブログにとって強力な武器になります。**

たとえば、サッカーが大好きな人は日本中にたくさんいますが、自分が選手としての経験値もある人となると少なくなります。さらに「英語」とかけ合わせて**「英語×サッカー」というかけ合わせのある人は、かなり少なくなる**でしょう。英語ができれば、ふつうの日本人ではアクセスできないサッカーの情報も得ることができます。

自分にしかない「かけ合わせ」があれば、「自分にしか書けないオリジナリティあふれる記事」になるのです。ぜひ、自分にしかない「かけ合わせ」を見つけましょう。「自分にはそんなものない」と思っている人でも、気づいていないだけかもしれませんよ。

15年以上ネットで
文章を書いている

×

単語登録

1	単語登録
2	たんごとうろく
3	タンゴトウロク

効率化オタク

×

３歳から絵が好き

自分の未来に向かって書く jMatsuzakiさんの例

　過去、現在だけでなく、未来について書くという方法もあります。「未来って……妄想を書くの？」と思うかもしれません。これは、**自分がなりたい未来に向かって学んでいく過程を書く**という意味です。たとえば、将来WEB関係の仕事をしたいのであれば、現在は素人でもWEBの勉強をしながら、**その過程で得た知識を発信（アウトプット）していく**のです。

　「未来に向かって書く」という例として、jMatsuzaki（ジェイ・マツザキ）さんを紹介します。

jMatsuzaki

▶（ https://jmatsuzaki.com/ ）

　ジェイさんは、システムエンジニアとして働いていた25歳のとき、ブログ「jMatsuzaki」を開設しました。当時は「やりたいことではない仕事」を続ける生活（ブログでは「たった2日の休日のために残りの5日をドブに捨てる生活」という表現）で、「音楽家になる夢」もあきらめていたそうです。

　ところがある日、もう一度夢に向かって歩きはじめることを決心し、ブログをはじめました。**未来の自分である「音楽家」をゴール**

として見定め、自分の人生の生き様を「ストーリー」としてブログで**発信**したのです。

　具体的には、かぎられた時間のなかで夢を実現するために必要な考え方や方法（業務効率化やタスク管理、ライフハックなど）を書籍などで能動的に学び、それを**実践することで得た知識と経験をブログで発信**していきました。

　結果として「夢を実現化させる」ためのノウハウがいっぱい詰まったブログになりました。そして、ジェイさんが実際に「音楽家」になったことで、今では本人が「夢を実現化させたロールモデル」になったことで、発信内容に説得力が増しています。

　このように**自分が成長していく姿を「ストーリー」として見せる**ことができれば、ブログの主人公（＝自分）に共感するファンも増えるでしょう。

　過去に得たものを発信する、現在やっていることを発信する、未来に向かって発信する……、このなかであなたに合ったものを熱い想いとともに発信していきましょう。

■ Check!

□　まずは自分を知ることが、読まれるブログの第一歩になる

□　これまでの経験をかけ合わせて、自分の強みを発信する

05 具体的な相手を想定して書くと、より伝わる

自分の好き勝手に書いても「読まれる記事」になるわけではない。読者の姿を想像して書こう。

読者の姿が具体的になると、驚くほど書きやすくなる

ブログは**「読んでくれる人を意識して書くこと」**が大切だと言われますが、実際にどのように意識すればいいのでしょうか？

そのコツは**読者像（ペルソナ）を想定して書く**ことです。たとえば「美味しいコーヒー豆の挽き方」という記事なら、「ワンランク上の生活を目指しているナチュラル志向の30代女性」のような読者像があるといいです。

読者の姿が具体的であれば、文章は驚くほど書きやすくなります。

読者を想定して書くメリットは「書きやすい」というだけではありません。ターゲットを明確にして書かれた文章は、読み手が意識されているので読みやすさも格段にアップします。

特定の1人を想定して書く

さらに踏み込んで、友達や家族、恋人など**「特定の相手1人」**に向けて書くのもオススメです。

たとえば、「仕事を辞めることは悪くない」という記事を書くとします。そこで、会うたびに「仕事を辞めたい」と悩んでいる**「友達のAさん」**という1人の人間に語るような気持ちで書いてみてはどうでしょうか？

特定の1人というのは、**「過去の自分」**でもかまいません。わたしは、過去の自分を想像し「あのころの自分がこの情報を知っていたら

……」と思いながら、教えるように書くことも多いです。

「1人に向かって書く」というと、「そんな記事、その人しか喜ばないでしょ？」と思われそうですが、世界中でたった1人にしか響かない記事なんてないと、わたしは断言します。世界には70億人がいて、**そのなかで「自分しか悩んでいない事象」を見つけるなんてほぼ不可能**なのです。

　先ほどの例ですが、常に「仕事を辞めたい」と言っている人は数え切れないほどいます。友達のAさんに向けて書いた記事を同じ立場の人が読んだとすれば、心に響かないはずがありません。つまり、**「1人」に向かって書いた記事のほうがより読者も内容が明確になるので伝わりやすくなります。**

　わたしのブログでも、パソコンの専門用語がわからない母に向けて書いた記事などは多くの反響がありました。

けん玉の得意な
友達A-さん

過去の自分

「楽しませる」という視点で書く、松原潤一さんの例

　デジタルマーケティングの専門家である松原潤一（ジュンイチ）さんは、さまざまな事象をくわしく説明する記事をたくさん書いています。「くわしく説明する記事」は淡々と説明されているのがふつうで、面白くないイメージがあります。ところが、ジュンイチさんの場合はそんな記事でも面白いのです。

　どんな魔法を使えば、そんなに面白い記事になるのでしょう

か？　それは「笑い」があるからです。ジュンイチさんは、そもそも笑わせること、ふざけることが好きなので、**「笑いの要素」を記事のなかでアクセントとして使っています。**

まとめ

今日はすんごいうるさい記事でごめんなさいいいい！！

ぜひ要所要所でGIFも使ってみてね！！

ななななあななななんああな

▶ (https://junichi-manga.com/)

そのなかでも秀逸なのは「自虐ネタ」です。**人は「他人の自慢話」は大きらいですが、「他人の自虐ネタ」は大好き**なのです。ほかにも得意のイラストやマンガという武器も併用し、**難しい説明も「読み物」として楽しく読めるように工夫されています。**

ブログの特性や執筆する人の性格もあるので、自虐ネタは誰でもマネできるわけではありませんが、「楽しませる」というマインドを常に持っておきましょう。

Check!

□ 具体的な相手を想定して書くと、伝わる記事になる
□ 他人ではなく「過去の自分」に向かって書いてもOK

「この人は信頼できそう」と思われる文章を

ブログの読者に定着してもらうためには、安心感を持ってもらうことが大前提。「信頼できそう」と思ってもらえるコツとは?

「この人は信頼できそう」と思ってもらう方法

ブログの記事にはわかりやすさも必要ですが、「この人は信頼できそう」と思ってもらうことも大切です。

たとえば「沖縄の観光スポット」について紹介している記事があるとして、次の2人の記事のどちらを信頼しますか?

どちらの記事を信頼する?
❶ 沖縄に行ったことのない人が書いた記事
❷ 沖縄で生まれ育った人が書いた記事

もちろん、❷のほうが信頼できそうですが、**「自分が沖縄で生まれ育ったこと」**を記事に書いていないと、**読者はその事実を知りようがない**のです。これはもったいないので、「沖縄の観光スポット」の記事なら次のように記載しましょう。

【例】 くわしい人だということを記述する

**30年以上沖縄に住んでいる私が、
とっておきの沖縄の観光スポットを紹介します!**

前ページにあるような1文が冒頭にあるだけで「見る目」が変わってくるはずです。では、信頼性をアップさせる表現をいろいろと紹介します（次に紹介する例はすべて「事実」であることが前提です）。

❶ 頻繁にやっていることを表現する例

たとえば、チョコレートについての記事で、「**週に7日はチョコレートを食べているチョコマニア**のヨスです」などと入れる。

❷ 長期間やっていることを表現する例

「WEBサイトで物を売るテクニック」の記事で「**私は7年以上ネットショップ店長をしていた経験があります**」などと入れる。

❸ 経験を表現する例

「英語」についての記事で「**以前、英会話を教えていたときに……**」などと入れる。短期間の経験でも使える。

❹ 専門性を表現する例

「ワインについて」の記事で「**ソムリエの資格を持っている**私からすると……」などと入れる。

❺ ファン・マニアであることを表現する例

「サッカー」の記事で、「私はJリーグができた当時からの大ファンです。三浦知良選手が……」というように具体的な固有名詞が出てくるとマニア感が出てさらによい。

❻ 地元の人を表現する例

「札幌のオススメラーメン屋さん」の記事で、「札幌出身で、40年ほど住んでいる私がオススメのラーメン屋さんを……」などと入れる。「○○県出身」「○○県在住」のどちらも使える。

自分のことを謙遜する表現はNG

　いろいろな表現例を紹介しましたが、「別の記事にも書いてるし、毎回書くなんてうっとうしくないかな？」と思う必要はありません。なぜなら、**ほとんどの人がはじめてその記事を読みますし、前に読んでいてもその事実を忘れているからです。**

　ブログでは信頼性を伝えるべきところを、逆に自分のことを次のように謙遜する人が多いです。

初心者が書きがちな謙遜した文章例

- 沖縄在住30年とは言っても、あまりくわしくありませんが……
- 野球ファンとは言ってもにわかファンですが……
- 料理が得意とは言っても趣味程度でして……

　こうした表現に直面しても、対面で話をしていれば、顔の表情や言葉の抑揚で「謙遜」ということが伝わるでしょう。でも、表情も見られない、音声も出ないブログで同じことをやると、「言葉通り」に受け取られてしまう場合が多いのです。この人はあまりくわしくないんだな……と。

　たとえ、どんなにいい記事を書いていても、謙遜の表現があるだけで、一気にあなたの記事の「専門性」と「信頼」が失われる可能性があるのです。なんとも、もったいないことですよね。

　Chapter 01でも話しましたが、読者はブログを書いている人に興味

がありません。**だからこそ、信頼されるポイントを何度も書いて積極的にアピールして興味を持ってもらいましょう。**

記事の冒頭で読者の信頼を得よう

「読者に信頼される1文」は、できるだけ記事の冒頭に入れるようにしましょう。例として次をご覧ください。

やつはしの森

▶ (https://8284.musyozoku.com/)

「やつはしの森」のレイさんは、京都のお菓子「生八ツ橋」が好きすぎて100種類以上を食べたことを冒頭で書いています。すごいですよね……こんな人が書いていたら信頼度がアップするのは間違いないでしょう。

　最後に、ここで紹介した例はすべて「事実であること」が前提です。**TOEICのスコアが300なのに「TOEICスコア950です」と書くのは単なる嘘なので、絶対にやってはいけません。**

☐ Check!

☐ 記事の冒頭で、信頼できる「具体的な1文」を加える
☐ 嘘は絶対に書いてはいけない

07 冒頭文（リード文）の目的は「読み進んでもらうこと」

記事の冒頭文はとても大切。ここがダメだと、読者はすぐに「戻るボタン」で離脱してしまう。冒頭文でやってはいけないこととは？

冒頭文（リード文）で書いてはいけない例

　自分の記事にたどりついた読者が、最初に読む文章が「冒頭文」ですが、どのような文章がふさわしいのでしょうか？

　冒頭文の目的は本文に進んでもらうための導入で、「導入文」や「リード文」とも呼ばれます。もし、冒頭で「この記事はなんかダメっぽい」と思われると、**数秒で「戻る」ボタンを押されてしまう「運命を左右する大切な分かれ道」**と言えるでしょう。理想的な冒頭文の前に、書いてはいけない「ダメな冒頭文」の例を紹介しましょう。

❶ 本文と関係なさすぎる冒頭文はダメ

　本文と関係なさすぎる冒頭文は禁止です。「ピザの作り方」についての記事の冒頭で、昨日観た映画について語らないように！

❷ 無駄に長い冒頭文はダメ

　本文に関係のある話でも、無駄に長すぎる冒頭文はやめましょう。

❸ 今しか通用しないネタはダメ

　今しか通用しない芸人ネタや、今だけの流行語などはひかえましょう。書いた当時では新鮮でも、半年後に見ると賞味期限の切れた食べ物と同じです。ブログはいつ読まれるかわかりません。

❹ 更新が滞っている言い訳はダメ

「ブログ更新、さぼっててすみません！　２か月ぶりの更新となります」というような**更新が滞っている言い訳はNG**です。読んだ人に「あんまりやる気がないのに、仕方なく書いているブログなんだろうな」というネガティブな印象を持たれるだけです。

いやー、更新サボってすみません！
実は最近仕事がいそがしくて
３か月ぶりの更新です (^_^;ゞ

出た〜！

❺ 季節感満載のあいさつはダメ

　夏の暑さについてや、冬の寒さについてなど「季節感満載」の冒頭の文章もひかえましょう。ただし、「夏バテを防ぐオススメの方法」のような記事なら、逆に訴求効果を生むこともあります。夏バテを防ぎたいと思うのは夏で、夏にしか検索されない記事だからです。

❻ 文章を書いた時点でのネガティブな状況を語るのはダメ

　冒頭で「最近お腹の調子が悪くてテンション低めのヨスです」のように、**文章を書いた時点でのネガティブな状況を入れるのもひかえます**。「テンション低め」の人が書いた記事なんて読みたくないですし、その記事が読まれる数か月後には体調は戻っていることも多いので。

❼「突然ですが」から突然はじまるのはダメ

「突然ですが、ザリガニは好きですか？」のようにはじまる冒頭文は避けましょう。このはじまり方は、**安易にどんな記事にでも使える**ため、ありふれた内容が書かれていることを暗示させます。「突然ですが」とはじめるのではなく、突然の話題を「突然に見えなくする」のが文章のテクニックです。

❽ ハメをはずしすぎる冒頭文はダメ

　冒頭文から「こんちゃー！　おれっち、超イケメンでイケてるオッサンのタカピョンどぇ〜〜〜〜〜す！」みたいなノリでハメをはずしすぎるのも避けましょう。基本的に「読者ははじめて訪問する」ため、ハメをはずしたいのであれば記事の冒頭からではなく、「途中から徐々に」やるのがオススメです。

冒頭では「この記事を読めば疑問は解決する」と伝える

　ここまで「ダメダメな冒頭文」を紹介してきました。では本題に戻って、どんな文章を冒頭に入れればいいのでしょうか？

　それは**「本文に読み進みたくなる文章」**です。

　つまり、先に読み進んでもらうために、全身全霊で「この記事にはあなたの求める情報がありますよ！」とアピールする必要があるのです。

　読者はあなたのことを知りたくてブログにたどりついたのではなく、「疑問の答え」を知りたくてたどりついたのが、たまたまあなたのブログだっただけです。あなたにまったく興味のない読者は、冒頭文で「この記事は読むに値する記事なのか？」の品定めをしています。「この記事を読めば、疑問は解決しますよ！」ということ、つまり**「結論」がわかる文章**が、冒頭にはふさわしいのです。たとえば「お風呂掃除のやり方」という記事の冒頭なら、「お風呂掃除のやり方をくわしく紹介します」のように、本文を読んで得られる回答がしっかりと書かれているということです。

「もくじ」を設置しよう

　記事の情報量が多い場合、「もくじ」を設置するのも読者に「ほしい情報がある」ということを伝えられるため効果的です。

▶ 1分気付き見える化ブログ
（https://1minute-kiduki.com/ ）

ブログの「もくじ」というのはこの画像のようなものです。クリックすることで、その記事内にある見出しにワープしてくれます。

読者は「もくじ」を見ることで、「自分のほしい情報があるか？」を、記事を読む前に判別できるというわけです。

ただし、短い記事には不要ですし、見出しの多い記事の場合、すべての見出しが「もくじ」として表示されると邪魔になります。ここでも読者目線で、記事ごとに「もくじは必要か？」を考えるようにしましょう。WordPressなら「Table of Contents Plus」というプラグインを入れることで簡単に「もくじ」を設置できます。

Table of Contents Plus

https://ja.wordpress.org/plugins/table-of-contents-plus/

冒頭文には、前節で紹介した「信頼性のある文」も可能なら入れておきましょう。**記事の下のほうに入れていても、そこまで読まなかった人には届きません。**

■ Check!

☐ 冒頭からネガティブなことを書かない
☐ 冒頭には「結論」がわかる内容を書く

08 客観だけでなく
主観を書く

**Wikipediaに載っているような客観的情報を羅列した
ブログはつまらない。自分が感じた主観的情報を加え
るのが読まれるコツ。**

客観的情報と主観的情報の違い

　ブログは日記ではなく「情報」ツールである……という話をしましたが、そもそも情報には2つの種類があります。それは、「客観的情報」と「主観的情報」です。

　たとえば、わたしの住む「香川県」についての記事を書く場合、客観的情報と、主観的情報は次のようになります。

❶ 客観的情報（＝絶対的な情報）

- 日本一面積の小さい県
- 人口は約95万人（2020年時点）
- 県の木はオリーブ

❷ 主観的情報（＝相対的な情報）

- 香川の人は人見知りが多い気がする
- 香川ではイヌを飼っている人が多い気がする
- 香川は災害が少なくてすごしやすいと感じる

　つまり「客観的情報」は、誰が書いても同じ内容です。「県の面積」のようなデータが、書く人によって変わってしまうと大問題ですよね？　逆に、**主観的情報はその人の感じたことを書いたものなので、書く人によっては真逆の可能性**さえあります。

客観的情報「だけ」の記事は面白くない

　ここでお伝えしたいのは、**客観的情報だけの記事では面白くない**ということです。客観的情報だけを書いている例を見てみましょう。

> **【NG例】 客観的情報だけ**
>
> **香川県は日本で一番小さい県で、面積は1,877 km²です。**
> **そして人口は……（以下略）**

　こんな「Wikipedia」にすべて載っているような情報をひたすら書くだけなら、Wikipedia へのリンクを入れた1行の記事のほうが親切ですよね。

　でも、多くの人は調べ物をするときに Wikipedia を見ますが、「Wikipedia のファンです！」や「Wikipedia の情報は欠かさず読んでます！」という人はめったにいません。そこには主観がないからです（それが Wikipedia の存在価値ですが）。

　ところが、客観的情報のなかに**自分の主観が入ることで、一気に「個性」がブログに加わる**ため、「この人面白いな！」とファンになってもらえる可能性が上がります。

　たとえば商品について書いた記事なら、こういうひとことが随所にあればどうでしょうか？

> **【例】主観を書く**
>
> **個人的には、この持ち手のデザインが気に入っています。**
> **このカーブが私の手にフィットして、まるで……（後略）**

　情報としては相対的になるため、役に立たない場合もありますが、**「ふむふむ」と聞きたくなる生きた文章**のように感じられないでしょうか？

　自分の関心があることについて書いていれば、主観的な言葉は自然に入るはずです。主観的情報には決まった答えはないので、思ったことをあなたの言葉で率直に書きましょう。**それが、あなたのブログだけの「個性」になります。**

主観的な意見が書けないような記事は避ける

　「いやいや、そんな気のきいた言葉なんて思い浮かばないよ」と思う人もいるかもしれません。もし、**「主観的な意見」が書けない場合、書いている主題について関心も知識もない**と言えるかもしれないのです。

　厳しい言い方をしますが、そんな「興味のないことについて、興味のない人が書いた記事」が面白いはずがありませんよね？　そんな記事は書かないほうが、検索からたどりつく読者のためです。

　ぜひ、主観的な言葉がいくらでも出てくるような「あなたが書くべきテーマ」について書いてください。読者はそんな記事が読みたいのですから。

■ Check!

☐ 客観的情報に主観的情報を混ぜて書いていく
☐ 興味のないことについては書かないようにする

09 終着点を考えて 「まとめ」を書く

最初から「まとめ」を意識して書くと、ゴールが見えるため記事が書きやすくなる。まとめには次の行動をうながす内容を書こう。

読後感を高める「まとめ」

今度は記事の最後の部分である「まとめ」についてです。記事本文を書いたあとに、「まとめ文」を書くことが多いのですが、なぜ必要なのでしょうか？

「まとめ」がなぜ必要なのか

まとめ

著名人が脳梗塞で突然亡くなるニュースを見ていた影響で、念のためCTスキャンしてみたのですが、費用は想像より高くありませんでした。

ちょっと頭痛が頻繁にあって心配な方は、5,000円ちょいで命に関する不安が取り除けることを考えれば、積極的にCTスキャンする価値はあるかなと思います。

普段みれない頭の中も覗けますしね！

今日の一句

"リアル版　脳内チェッカー　5,000円"

▶ベランダゴーヤ研究所
（ https://make-from-scratch.com/ ）

「まとめ文」として、最後に本文を簡素に要約してまとめることで、読後感がよくなり、「ああ、いい記事だったな」と振り返ることができます。理解を深める手助けにもなってくれるでしょう。

「まとめ文」として書くだけでなく、この画像のように「まとめ」という「見出し」を使う人もよく見かけます。

ポイントは、長くなりすぎないようにすること、印象に残るように書くことです。

「まとめ」には、読者に次にやってほしいアクションを

「まとめ」のもう1つの大きなメリットが、次のような「読者にやってほしい行動」へと自然に流せることがあげられます。

読者に取ってほしい行動の例

- すごい人だと思われて、SNSでフォローしてほしい
- 記事で紹介した商品、サービスを買ってほしい
- 関連記事を読んでほしい

これらはおおまかな例ですが、記事1つ1つの着地点が決まっていれば、「まとめ」で書く内容も決まってきます。

記事で紹介した商品を買ってほしいのであれば、最後に再度商品のことをアピールするべきでしょう。関連する記事を読んでほしいなら、目立つように関連記事へのリンクを入れるべきでしょう。

逆を言うと、「まとめ」になにを書けばいいのかわからないのは、**目的や着地点があいまいだから**です。

着地点を考えて書くと「本文」も変わってくる

着地点がしっかり決まっていると、本文の内容がブレることもありませんし、内容そのものも変わってきます。

たとえば、商品の紹介記事で「Aという商品がすごくいいから広めたい！　買ってもらいたい！」という着地点で「商品へのリンクをクリックしてもらう」が目的なら、**本文の途中で「ほかの記事」へ離脱させないことも目的**になります。

ということは、ほかの記事への離脱を避けるために、「目立つリンクはひかえる」など、戦略も変わってきます。終着点（目的）が決まれば、おのずと「なにをするべきか？」が明確になるのです。「無駄が削ぎ落とせる」とも言えます。

ブログの「ABC」を考えて書く

　では、「毎日が生まれたて」を運営するサッシさんが考案した「ブログのＡＢＣ」という考え方を紹介します。これは、**記事を書く前に次の「ＡＢＣ」のうちどれか１つの役割をそれぞれの記事に持たせて執筆する方法です**。

ブログの「ABC」
　【A】アクセス
　【B】ブランディング
　【C】キャッシュ

　あらかじめ記事の役割が決められたうえで書きはじめられるため、「まとめ」に書く内容もブレません。

【A】アクセス＝アクセス数アップの役割を持つ記事

「A（＝Access）」は「アクセス数の増加」を目指す記事、つまり検索される需要が

▶（ https://maiuma.com/ ）

ある記事のことです。実際に１か月にどれくらいの検索数があるのかは、**「Google広告」内のサービス「キーワードプランナー」で調べられます**（Chapter 06で後述します）。

【B】ブランディング＝ブランド化・ファン化につながる記事

「B（＝Branding）」は「ブランド化・ファン化」を目指す記事のこ

とです。あなたの個性、人間性を読者に伝えることが目的となります。

この目的を持つ記事は、**「アクセス数も収益性も考えなくてOK」**です。趣味や好みを全開にしてなにも考えずに書けます。具体的には、「オピニオン記事」「日記・エッセイ記事」などのことです。

【C】キャッシュ＝収益化につながる記事

そして「C（＝Cash）」はキャッシュ、つまり「収益化」を目的とする記事です。自分が使っているWEBサービスや商品を紹介することで仲介料をいただけるアフィリエイト（Chapter 08でくわしく紹介します）につながるものなどがあります。

ルーチン化することによる効率化

この「ブログのＡＢＣ」ですが、**「ＡＢＣ」の順に書いていくことをルールにすれば、「次はなにを書こう？」という悩みが緩和します。**「Bを書いたから次はCだな」という**ちょっとしたルールがあったほうが書きやすい**のです（順番にこだわらなくても大丈夫です）。「C＝キャッシュ（収益化）」というふうに目的が明確であると、記事の終着点も迷うことがありません。また、交代交代で書くことで、「アクセス数UP」「ブランディング」「収益化」を同時に進められるというメリットもあります。

3つの目的で分けていますが、もちろん「書きたい記事を書くこと」が前提条件です。

■ Check!

☐ 終着点が曖昧だと、「まとめ」も内容も薄くなる

☐ 終着点が決まれば、「なにをするべきか？」がわかってくる

---

10 記事タイトルは本文の「要約」に！

記事のタイトルが重要なのはわかるけど、具体的にどうすればいいのか？　やっておくべきことを押さえておこう。

「なんとなくつけた」では読まれない

ブログに必ず必要な要素が「記事タイトル」です。

記事タイトル

▶うたごえな日々♪
(https://utagoemeg.com/)

記事タイトルというのはこの画像のように、ブログ記事の上のほうに入る「記事のタイトル」のことです。

ネットを見ていると、なんとなくつけているブログを見かけます。たとえば「近所のラーメン屋さんにランチを食べに行った」という内容を書いて、「ラーメンを食べてきた」のような記事タイトルをつけていませんか？　ここでは記事タイトルをつけるときのポイントをまとめます。

❶ 記事タイトルはその記事の「要約」になるように！

記事タイトルは、できるだけシンプルにして**記事内容を30 ～ 40文**

字程度で「要約」したものにしましょう。記事タイトルを見れば「どういうことが書かれているのか」が一瞬で理解できるのが理想で、「キャッチフレーズ」をつけるようなイメージです。

検索結果に表示される記事タイトル

なぜなら「記事タイトル」には、**Googleで検索したときに「検索結果」として表示されるという重要な役割があるからです**。検索する人は必ず「検索意図」を持って検索し、検索結果にズラッとならんだ記事タイトルのなかから「この記事を見れば解決しそう！」というものを選びます。

この**「要約」というプロセスがとても重要で、なにがなんでも踏みはずしてはなりません**。記事が「イタリアンレストラン」について書かれているのに、タイトルが「美味しかったよ♪」では意味不明ですよね。

タイトルを見ればなにが書かれているかがわかるように、**本文と一致したタイトルにしましょう**。

❷ 内容の何倍もすごそうなタイトルはNG

がんばって書いた記事は、検索結果で表示されたときにクリックしてほしいですよね？　まるで親鳥からエサをもらうのを待っているヒナのごとく「わたしをクリックして！」と。しかし、クリックしてほしさに、**内容よりもすごそうなタイトルをつけるのはご法度**です。

たとえば、「誰でもできる！　100kgだった私が40kg減量を成功させた究極の方法」のような記事タイトルを見た人が期待してクリック

して……「適度な運動を毎日しましょうね！」しか書いていなかったらどうでしょうか？　「ふざけんなーっ！」と思いますよね。

　そんなことがあると、その人がファンになってくれることはありません。

❸ 具体的な記事タイトルに

　記事タイトルは、できるかぎり「具体的」にしましょう。ところが、よく見かけるのはこんな抽象的なタイトルです。

> **【 NG例 】 抽象的なタイトル**
>
> **食べ歩き日記（1）**

　たしかに食べ歩きの日記を書いているのだと思いますが、もっと具体的なタイトルにできないでしょうか？　たとえばこんなふうに。

> **【 改善例 】 具体的なタイトル**
>
> **イタリアンレストラン「ヨス屋」のナポリタンが美味しすぎた！**

「そんなタイトル、つけられないよ！」と思われたかもしれませんね。もしかすると、**本当に「食べ歩き日記」というタイトルしかつけようがない記事を書いている**ことが原因かもしれません。つまり、情報ではなく「日記」を書いてしまっているのです。

　その場合は記事タイトルを直すのではなく、**「検索意図に対する情報」がきちんとあるような記事**にしましょう。読者はあなたの日記が読みたくてブログにたどりつくわけではなく、「情報」を求めているのです。

❹ 読み手の心をくすぐる表現に

「記事タイトル」を見て**クリックするかどうかはGoogleが決めることではなく、あくまで人間です。**そこで、記事タイトルには読む人のテンションを上げたり、気になるような言葉を入れたりしましょう。「具体的な数字」を入れるタイトルもよく使われます。

> **【改善例】読み手の心をくすぐる表現**
>
> **こんなに美味いのか？　イタリアン「ヨス屋」の
> ナポリタンが365日毎日食べたいレベルだった**

　ほかにも「ブロガー必見」「サッカー好き必見」のように、対象を具体的に入れることで**自分が読むべき記事だと思わせる方法**もあります。これはSNSでシェアされる際に、とくに重要になってきます。SNSでシェアするときには、「感情を揺さぶられること」が引き金になり、記事タイトルだけを見てシェアする人も多いからです。

　いずれにせよ、タイトルを見るだけで「この記事には○○について書かれているんだな」とひと目でわかるようになることを意識してください。タイトルは「記事の要約に」、そして「具体的に」も忘れずに。

■ Check!

　□ タイトルで引きつけようとして、内容と合っていないものはNG
　□ 数字や固有名詞を入れて、より具体的にしてみよう

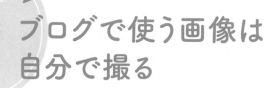
11 ブログで使う画像は自分で撮る

スマホで流し読みをされる今、記事のなかにあるビジュアルでいかに読者の興味関心を引くか、というのも大切な要素。失敗しないポイントとは?

読者を引きつける4つの撮影方法

ブログのファンを増やすために大切な要素は、文章だけではありません。もう1つの主役が「画像」です。「プロじゃないからそんなにきれいな写真は撮れない……」と思うかもしれませんが、**芸術的な写真を撮ろうという話ではありません**。

検索意図を持ってあなたのブログにたどりついた読者は、なんらかの回答を求めているということでしたね。

では、文章だけの記事と、画像も交えた記事では、どちらが「疑問の解決」を導きやすいでしょうか? もちろん答えは「画像も交えた記事」です。**ビジュアル的に訴える要素があれば、理解度が高まるはずです**。

わたしはネットショップで商品を売っていた経験が長く、商品の撮影も大切な業務の1つでした。ここからは、そのときに意識していた「4種類の写真」を撮るポイントについて説明します。

❶ 全体がわかる写真

まず「全体がわかる写真」を使いましょう。**ケーキを写すならケーキ全体が収まった写真**です。一部ではなく、全体像が見えないとどういうものかよくわかりません。グルメ記事なら、そのレストランの外観や内観写真も該当します。

❷ 細部がわかる写真

　そして、一部分を拡大した「細部がわかる写真」です。被写体がケーキなら、**目の前に実際にあるように感じられ、「疑似体験」ができるような写真が望ましい**です。

　被写体が服なら、その「素材感」がわかるぐらいの拡大した写真も読者にとって求められるでしょう。また、電化製品なら、まわりから見た写真だけでなく、**裏面もしっかり見せることで、たとえば「滑り止めがあるのか？」という読者の疑問も解決します。**

　商品の写真は「この部分の写真は不要だよな」と決めつけず、四方八方から撮影して、できるだけたくさん掲載しましょう。

❸ **大きさがわかる写真**

　商品についての記事なら、大きさがわかる写真も必須になります。「大きい商品かと思って注文したら小さかった……」と読者を落胆させてはいけません。では、どうすれば大きさのわかる写真になるのでしょうか？

　たとえば「このカニは大きい」と表現したいとき、**カニだけの写真では大きさがわかりません。**そもそも「大きい」というのは相対的に比較する対象があってはじめて「大きい」ということが伝わります。つまり、ポイントは**被写体だけでなく「比較対象」を一緒に写真に収めること**です。

　スマホやペットボトル、１円玉のように大きさが決まっているものが一緒に写っていると大きさが伝わります。ただ、おしゃれな商品の横に１円玉が写っていると妙な生活感が出てしまうのでふさわしくありません。

　一番簡単な比較対象として「自分の手」を使うのもオススメです。商品の写真なら、手に持って撮影するのです。次のページの例では、カニの大きさを表現するために、あえて手が写るように撮影しています。

　もちろん、個人によって手の大きさはまったく異なりますが、なんとなく大きさは想像できます。ちなみに「大きい」ということを売りにした商品の撮影では、「社内でもっとも手の小さいスタッフに持たせて撮影する」というのは、どのショップもやっているウラ技です。

❹ 未来の見える写真

　そして4つ目が「未来が見える写真」です。「え？　なんかアブナイこと言ってない？」と誤解されそうな表現ですが、正確には**「その商品を買ったことで訪れる自分の姿がわかる写真」**のことを指します。服で言えば、実際に着用した姿が想像でききる「モデル写真」がそれに当たります。

リアルさが伝わる「モノグラフ」の堀口英剛さんの例

「商品を持っている未来の自分」を想像させるのがうまいブロガーとして、堀口英剛さんを紹介します。堀口さんの運営する「モノグラフ」で使われている画像はとにかく美しいです。

モノグラフ

やはり肩掛けというのは歩いている時の取り回しが良くて快適ですね。リュックサックだといちいち背中から降ろして中身を取り出さなくてはいけないので。

この日は雨が降りそうだったので折りたたみ傘を忍ばせてきたのですが、案の定夕立がきて助かりました。

▶ (https://number333.org/)

「モノグラフ」では、「モノマリスト」である堀口さんのこだわりの「モノ」をたくさん紹介しています（※「モノマリスト」とは「モノを基軸に生活を考え、こだわりを持って愛情を注いでいる人」を指す、堀口さんによる造語です）。

　ここで注目したいのは写真の美しさというよりも、**「自分が商品を手にとった未来」を想像させる写真**です。「笑顔でモノを持っている」のではなく、**リアルに日常で使っている風景を切り取って見せてくれている**感じで、実際に自分が使っているかのような臨場感があります（もちろん、イケメンである堀口さんの容姿も写真にパワーを与えているのは言うまでもありませんが）。

　最後になりますが、もし「グルメレポート記事」などでお店のなかで撮影するときは、あらかじめ撮影許可をとるようにしましょう。ネットで話題になることを歓迎するお店が多いと思いますが、それを嫌うお店もあります。

■ Check!

☐ 被写体の大きさがわかるような工夫をしよう
☐ 訪れる自分の姿がわかる写真を入れよう

12 写真はスマホで撮って スマホで加工

現在はスマホの性能が向上しているので、撮影から加工まにスマホがあれば十分。

ブログ用の写真はスマホ撮影で十分！

「ブログで使う写真」は、現在は**スマホの性能が向上しているので、それで必要十分です**。一眼レフカメラやデジカメがあれば写真のクオリティは上がりますが、**ほとんどの読者がスマホの小さな画面から見る**ため、そこまで求められていないというのが実情です。

　では、スマホで撮影するときの基本について紹介します。

❶ **スマホが動かないようにする**

　撮影するときは、スマホが動かないように脇を締めて持ち、撮る瞬間にスマホが動いてブレないようにしましょう。

脇を締めてスマホを構える（左：悪い例／右：いい例）

❷ 明るいところで撮る

　できるかぎり明るい場所で撮影しましょう。たとえば、レストランで料理を撮影するなら、**前もって自然光（太陽の光）が入ってくる席を選んで座る**ようにします。

❸ 撮影したいものにピントを合わせる

　自動でピントを合わせてくれるスマホでも、画面上で「撮りたいもの」をタップすることで、確実にピントが合います。

❹ 背景を考える

　背景がゴチャゴチャしないように**テーブルの上を片づけたり、なにもない壁が背景になるようにしたり**するだけで十分です。

ヒガシーサードットコム

　以上、基本的な４つのポイントにしぼって紹介しました。さらなるポイントは、写真のうまいブロガーとして定評のあるヒガシーサーさんの記事もぜひご一読ください。

【参考】
超簡単！iPhoneで一眼カメラに負けない写真を撮る14テクニック

https://higashisa.com/
iphographer/

▶（ https://higashisa.com/ ）

写真の加工（補正）もスマホで十分！

撮影したものを、最低限の写真加工（補正）するポイントについても押さえておきましょう。とは言っても次の4点だけです。

加工のポイント
- 暗い写真は明るくする
- 青く写った写真は青みを取る
- 不要な部分をカットする（トリミング）
- 角度を調整して水平にする

スマホで写真を加工するときは、スマホに最初から入っているアプリで問題ありませんが、次のアプリもオススメです。

オススメのアプリ
- Adobe Lightroom（アドビ・ライトルーム）
- Snapseed（スナップシード）
- Instaflash（インスタフラッシュ）※iOSのみ

わたしは最近は、撮影から加工までスマホだけですませることが多くなりました。スマホで撮った写真は、**そのままスマホからブログの管理画面を使ってアップロードできる**のも魅力です。

Check!

- ☐ 写真撮影はスマホで必要十分
- ☐ 写真加工もスマホだけで可能

13 さらに読まれるために、SNSを効果的に使う方法

ブログとSNS……親和性は高そうだけど、イマイチ有効的な使い方がわからない。効果的な連動をするにはどうしたらいい?

SNSをブログへの集客に使おう

　本書を手にしたのは「ブログを書くぞ!」という気持ちからだと思いますが、**さらにブログを読んでもらうために、ブログと並列してSNSを使うこともオススメ**します。

　SNSとは「ソーシャル・ネットワーキング・サービス」の略で、インターネット上で「交流」ができるサービスのことです。 たとえば、「Twitter」「Facebook」などが有名ですね。

　では、なぜSNSを使うといいのかというと、ブログへの集客に使えるからです。たとえば、Twitterで自分の考えをつぶやいていれば、Twitterのフォロワー(ファン)が増えていきます。**ファンが増えると、「この人のブログも読んでみたい」と思うはず**……つまりはブログへの導入になるのです。

「検索してブログにたどり着く」という経路ではない、もう1つのブログへのルートとしてSNSは軽視できないのです。

　SNSでたくさんのフォロワーがいれば、検索されなくても「あなたが書いた記事だから」という理由で、あなたのブログを訪れてくれようになります。ファンとの交流も気軽にできる「コミュニケーションツール」としても有効です。

SNSへの投稿は再利用できることを第一に考える

とはいえ、かぎられた時間のなかでブログを書いている人がほとんどだと思います。そんな人に「ブログだけでなく、SNSにも力を入れましょう！」と言っても、「具体的にどうすれば？」と思うことでしょう。

そこでわたしがオススメするのは**「再利用できること」を第一に考えたSNSの運用**です。

たとえばスキマ時間に、考えたことをTwitterに投稿するとします。それをただ単に自分が考えていることを発信しているつもりでなく、**「ブログの下書き」という感覚**でやるのです。ブログを書くよりもTwitterへの投稿は非常にハードルが低いため、誤字や文法ミスも恐れずにどんどん書けるというメリットもあります。

Twitterは140字以内という制限がありますが、連続で投稿していると、気がついたら1000文字以上になることもあるかもしれません。そこで、その**Twitterへ投稿した文章をコピーして、まとめてブログの記事として投稿**するのです。こうすることで、Twitterで自分のファンを増やしながら、ブログの下書きができてしまいます。ほかのSNSでも応用でき、写真に強いInstagramならグルメ記事やお出かけ記事と相性がいいでしょう。

代表的なSNSの特徴を知っておこう

では、代表的な5種類のSNSの特徴を紹介していきます。

❶ Twitter（ツイッター）
先述したように「140文字」という制限された文字数で投稿するサービスです。リアルタイム性が強く、ほかの人の投稿をそのまま拡散する「リツイート」という拡散性の強い機能が特徴です。**フォロワーの**

多い人に拡散されると、バズる（拡散の連鎖が起こり、大勢に投稿が読まれる）こともあります。ただし匿名のユーザー率が高いため、失礼なコメントを送ってくる人がいることに注意が必要です。

❷ Facebook（フェイスブック）

「実名制」のSNSで、あまりにも偏った意見や、品のない投稿は拡散されにくいです。Facebookでつながっている人には「現実社会で知っている人」が多く、記事を拡散するとFacebookでつながっている友達や会社の同僚にも見られるからでしょう。逆に知的に見える記事、お役立ち記事、**オススメのお店などをはじめとした「地域の情報」は拡散されやすい傾向**があります。

❸ Instagram（インスタグラム）

「インスタ」という略称で呼ばれる、写真や画像、動画を投稿するSNSです。ユーザーには女性が多いようで、写真を撮るのが得意な人や、**イラスト・マンガが描ける人はブログに使う画像を再利用して投稿すると効率がいい**でしょう。インスタで使った画像をブログのなかに埋め込むことも可能です。

❹ LINE（ライン）

家族や友達間での連絡のやりとりに使う人が多いですが、情報を発信する手段としても使えます。ブログの「公式アカウント」を作ることができ、メルマガのように1つの投稿を「フォローしている人全員」に一斉配信することもできます。

ブログで発信するテーマが固定されている場合、そのテーマに関する「お得情報」などをLINEで定期的に発信すると、自分のブログへの流入もかなり見込まれます。**開封率（読まれる確率）も高いため、なにかをアナウンスするときには効果的**です。

❺ YouTube（ユーチューブ）

動画を投稿できるだけでなく、その動画をブログに埋め込むことで、

記事の「わかりやすさ」を向上できます。たとえば「セミの鳴き声の違い」のような記事なら、**音声がなければ読者の検索意図に完全に答えることはできない**ため、必ず使ったほうがいいでしょう。

　YouTube用に撮影した動画の一部を切り取って、TwitterやFacebook、インスタに動画として再利用するのもいいでしょう。

Instagramに投稿したマンガをブログで再利用!　BUSONさんの例

　以上、5つのSNSを紹介しましたが、すべてをこなすのは大変なものです。少し触ってみて「楽しい」と思えれば継続して利用し、効果的にブログと連動させましょう。**SNSは楽しむのが基本なので、自分に合わないものをがんばって続ける必要はありません。**

> BUSONコンテンツ

▶（ http://buson.blog.jp/ ）

　ここでは、Instagramで投稿したマンガをブログに再利用している好例としてBUSON（ブソン）さんを紹介します。

　BUSONさんは、もともとInstagramにマンガを投稿していました。「ニヤッと笑える」というテーマで毎日投稿していたら人気に火がつき、**2020年8月現在では約70万人のフォロワー**がいます。

　2018年からは、Instagramに投稿したマンガを「livedoor Blog（ライブドアブログ）」にそのまま投稿するようにしたと

ころ、ブログ「BUSONコンテンツ」は、あっという間に人気ブログになりました。現在では月間1000万PVほどあるそうです。

さらに今は、YouTubeにも再利用するようにしており、ジワジワとチャンネル登録者数を伸ばしているそうです。

ブログを「自分の要塞」にしていこう

BUSONさんの例では、SNS → ブログという順番でしたが、これは逆でもかまいません。ブログで書いた記事の一部を、SNSで「小出し」にするようなイメージで再利用するのです。

ブログを「自分の要塞」のようにとらえ、**ブログ内の記事をSNSでも利用し、SNSでのファンを増やしていく**イメージです。

そうすることで、SNSからブログへ、ブログからSNSへ……という循環が起こり、お互いにいい影響を与えるでしょう。

どのSNSに再利用するかは、運営しているブログによって違うので、先述したSNSごとの特性を理解してお使いください。

ブログに書く

ブログに投稿したものを小分けにして SNS で再利用

※SNS 間での再利用も可能

SNS で投稿したものをブログのネタとして再利用

Check!

☐ SNSの投稿はブログでの再利用を意識して

☐ ブログ内の記事をSNSでも利用し、SNSでもファンを増やす

SNSをはじめたっス！

ブログだけでなくSNSも活用し、「好きなこと」や「得意なこと」をひたすら発信していけば「○○と言えばこの人」と覚えられるようになります。

この4コママンガのように、SNSに投稿するテーマは「腹筋」でもいいですし、「砂の城」でもいいでしょう。同じテーマについて投稿していけば、「この人すごいな！」「こだわりが尋常じゃないな！」とほかの人に思われるようになるかもしれません。そして気がついたときには、あなたは「腹筋の人」や「砂の城の人」のように「専門家」として認識されるようになる可能性もあります。

本書では基本的には「Google検索を通してブログに来てもらう」という手法について紹介していますが、SNSでたくさんのフォロワーを獲得することでも、アクセス数を増やすことができます。とくにSNSを上手に使える人は、こちらに力を入れてブログのアクセス数を増やすのもいいでしょう！

「最強のSEO」とは?

インターネットの世界には「SEO」という
言葉があります。これは「Search Engine
Optimization（検索エンジン最適化）」の
略で、Googleで検索されたときの
検索結果に、自分のサイトが上位表示
されるための施策を指します。
このChapterでは、SEOについて
知っておくべき基本を紹介します。

01 同じ内容の記事は ブログ内に１つだけ

「SEO」と聞くと難しそうに思えて腰が引ける人も、大丈夫。最低限、気をつけるべきことを意識して記事を書くことで、しっかりと検索結果に反映されていく。

SEOとはなにか？

インターネットで検索されたときの**検索結果に、自分のサイトが上位表示されるためにやる施策**を「SEO」と呼びます。検索エンジンとして「Yahoo! JAPAN（ヤフー・ジャパン）」も有名ですが、ヤフーもGoogleの検索エンジンを使っているため、本書では「Google」を中心に説明していきます。

基本として知っておきたいのは、「検索結果」を人間が決めているわけではないことです。Google独自の**「アルゴリズム」と呼ばれる「順位を決めるためのルール」**によって、コンピューターが決定しています。

SEOとは「自分のサイトが上位表示されるためにやる施策」と表現しましたが、「こうすれば上位表示される！」という魔法のような方法はありません。Googleの目的は、検索する人の質問に対して**最適な回答を検索結果の一番上に持ってくること**です。

その「同じ目的」をわたしたちも目指し、常に「検索意図」を考えてその人が欲している回答を記事にしていきましょう。「検索意図に対する回答」をわかりやすくGoogleに伝えることがSEOです。つまり、**Googleも「読者の１人」だと考え、Googleに「その記事がなにについて書かれているのか？」を伝わりやすくすることがSEO**だと言えます。

同じ内容の記事を量産してはいけない

　検索順位を意識する際に、なによりも覚えておくべきことは**同じ内容の記事を量産しないこと**です。

　たとえば、大好きなラーメンについて語った「私がラーメンを好む10の理由」という記事を書いたとします。ラーメンが大好きなら、1週間後にはもう一度同じことを語りたくなるかもしれません。

　でも、語りたくなる気持ちをグッと抑え、**よく似た内容の記事を「新しい記事」として書くのはやめましょう。**そのかわりに、すでに書いている「私がラーメンを好む10の理由」という記事を、現在の気持ちで加筆・訂正するのです。過去に書いた記事は、言い換えるなら「作品」であり、加筆・訂正をすることでもっといいものに仕上げるというイメージです。

　わたしは**「記事を育てる」**という表現が好きでよく使っています。誰かがその記事にたどりついたときに、もっと満足できるように手を加え、育てるのです。もし「ラーメンを好きな理由」の11個目が思い浮かんでも、**新しい記事として書くのではなく「私がラーメンを好む10の理由」**に追記し、「11の理由」という記事に生まれ変わらせましょう。

読者が混乱する記事はGoogleも混乱している

　同じテーマの記事が複数あると、なぜダメなのか？　それは「混乱」を与えるからです。Googleのコンピューターに「同じブログ内に同じテーマの記事があるけど、どちらの順位を上にするべきだろう？」と迷いを与えてしまいます。

　これは読者にとっても同じです。次のように**同じような内容の記事が3つもあったら、混乱しませんか？**

似た内容の記事は受け手が混乱する

- 私がラーメンを好む 10 の理由
- ラーメンを大好きなのはこんな理由
- なぜ私がラーメン好きなのか語らせてください

同じテーマで書かれた記事をブログ内に散らばせるより、1 つの記事にまとめたほうが読者にとって親切でしょう。

友達に「このページを見れば大丈夫」と教えられる記事を

たとえばですが、「タコスとは？」という記事をブログに書いているとします（ちなみにタコスはわたしの大好物のメキシコ料理です）。ある日、友達に「タコスってなんなの？」と質問されたとしましょう。そんなとき「この記事を読めばバッチリだよ」と、自分で書いた記事のURLを教えたいのですが、**同じような記事がいくつもあると困りますよね？** どのURLを教えればいいのか混乱するでしょう。実はこのときの混乱が、**「Googleが検索順位を決めるときの混乱」**に近いのです。

同じテーマで書かれている記事が複数ある場合は、必ず「1 つの記事」にまとめましょう。そして「その質問だったら、このページを見たら解決するよ！」と**自信を持って友達に言えるような記事に仕上げる**のです。そのような記事を作ることによって、「Googleの検索順位でも強くなる記事」につながっていくのです。

「記事を育てる」という観点を持とう

先述しましたが、**「記事を育てる」という観点**は常に持っていてください。検索順位を上げるためでもありますが、もっと大切なのが「ブログにたどりついてくれた人に満足してもらう」という視点です。

本書ではブログは日記ではなく「情報発信である」と何度も書いていますが、自分が知っている情報を「それを欲している人」にわかり

やすく伝えるのがブログの第一の目標です。

　一度書いた記事をさらにバージョンアップさせ、「もっとわかりやすい記事にするにはどうすればいいだろう？」と常に考えるクセをつけましょう。

① 読者（＝人間）向けの対策

- ●記事のわかりやすさ （Chapter 3）
- ●読む気にさせる工夫 （Chapter 4）
- ●ファンになってもらう工夫 （Chapter 5）

② Google 向けの対策

（※イラストはあくまでイメージ）

- ●Google に対する記事のわかりやすさ

SEO（検索エンジン最適化）

□ よく似た内容の記事を「新しい記事」として書くのはやめる
□ 似たタイトルの記事は受け手が混乱する

02 Googleの新しい制度「YMYL」と「E-A-T」

ひと昔前は検索上位に来ていたジャンルも、Googleの制度変更によって変わってしまう。その代表例である「YMYL」と「E-A-T」とは?

読者の人生を左右する記事に該当する「YMYL」

「YMYL(ワイ・エム・ワイ・エル)」は「Your Money or Your Life(あなたのお金、もしくは人生)」という意味です。

たとえば、莫大なお金が必要なことや病気の治療法のように「人生を左右する決定」を迫られるような検索意図があります。そんな検索をしたときに**「素人が適当に書いた記事」が検索結果の上位に来て、読者がウソの情報を信じたら……と考えると怖いですよね?**

2016年に、大手企業が「病気や健康について」のWEBサイトを作り、医学の知識のないライターに大量に記事を書かせたことが問題になりました。素人がネット上の情報をつぎはぎして作った「根拠のない情報」が検索結果の上位に来るようになってしまったのです。

この過去のあやまちから、Googleは健康に関する情報は「病院の公式サイト」のような信頼性のあるサイトや、著名な専門家が書いた記事のみを上位表示するようにしました。

つまり、**自分の個人ブログで医療について執筆しても、検索結果の上位には現れない**ことを意味します。これはどんなにがんばっても、Googleが方針を変えないかぎり「不可能」です。もちろん「病院の公式サイト」上で病気に関する記事を書いている場合は問題ありません。

このYMYLに該当するテーマとしては、医療や病気だけではありません。人生を左右するテーマと言えば、結婚や離婚に関する法律、住宅や自動車の購入、生命保険、投資など多岐にわたることでしょう。

　もしブログでアクセス数を集めたい、収益を得たいと思っているのであれば、**著名な専門家でないかぎり、こういったテーマでブログをはじめることはオススメできません。**

権威性、信頼性をはかる「E-A-T」

　もう1つの重要な言葉である「E-A-T（イー・エイ・ティー）」は、次の3つの言葉の頭文字を取ったものです。

E-A-T

- **E**xpertise（専門性）
- **A**uthoritativeness（権威性）
- **T**rustworthiness（信頼性）

　Googleがページの「品質」を評価する際には、「E-A-T」を重視しています。この3つについて、「海外SEO情報ブログ」の鈴木謙一さんは「検索品質評価ガイドライン（General Guidelines）」の文章を次のように翻訳してくださっています。

　高品質なページとサイトには、そのトピックに関して権威性と信頼性があるとみなされるのに十分な専門性が必要とされます。あらゆる種類のウェブサイトに「専門家」がいることを頭に入れておいてください。ゴシップのウェブサイトやファッションのウェブサイト、ユーモアのウェブサイト、フォーラム、そしてQ&Aのページなどでさえそうです。

▶海外SEO情報ブログ
https://www.suzukikenichi.com/blog/e-a-t/

さまざまなジャンルで「専門家」と呼ばれる人たちがいます。現在、専門家と呼ばれる人の多くが、インターネット上でそのジャンルについての有益な発信をしています。

　専門性のある発信をコツコツと続け、読者に満足されるようになる。その積み重ねが「権威」や「信頼」を築いていきます。

　つまりGoogleは「どんな内容を書いているか？」だけでなく、**「誰が書いているか？」を重視するようになった**とも言えます。そのため、「E-A-T」の観点から見ると次のような記事を書いても、Googleから評価されにくいとも言えるでしょう。

こんなことについて書いても評価されない
- 興味がないこと　　（＝想いのこもった記事が書けない）
- 得意ではないこと　（＝専門的な記事が書けない）

　これは、わたしがひたすら「好きなこと」「得意なこと」「興味のあること」を発信しようと言い続けている理由でもあります。そのほうが**「検索する人」にとって有益な記事が提供できるし、それはつまりGoogleからの評価も得られやすい**からです。

両方とも覚えておきましょう！

❶ YMYL
❷ E-A-T

■　Check!

☐　YMYL に該当するテーマの記事は、素人が書くべきではない
☐　専門性のある記事を投稿し続けることで権威性が増してくる

03 記事タイトルには 「キーワード」を必ず入れる

SEOで上位表示されるために、記事タイトルには検索する人が入れそうな「キーワード」を入れることが大切。

検索する人が考えそうなキーワードをタイトルに入れる

Chapter 05では「読者」にとってわかりやすい記事タイトルについて紹介しました。ここでは「Google」にとって伝わりやすい記事タイトルについてです。本書では、**Googleも「大切な読者の1人」**として、説明していきます。

結論から言ってしまうと**「検索されるキーワード」を必ず記事タイトルに挿入**しましょう。実は、Googleをはじめとする検索エンジンは「記事タイトルにどんな単語が入っているか？」を検索結果の順位を決めるときの重要な指標の1つにしています。

自分の自己紹介を書いた記事は「自己紹介」というタイトルではなく、「ブロガー ヨスの自己紹介」にしたほうがいいことはChapter 05-10で紹介しました。この記事タイトルには「ブロガー」「ヨス」「自己紹介」という3つのキーワードが入っています。

ここでは**「キーワード」というのがポイント**になります。検索する人が検索窓に入力するであろう「キーワード」を記事タイトルに入れておきましょう（「検索キーワード」が記事タイトルに入っていなくても上位に来ることはありますが）。

たとえば、記事タイトルが「自己紹介」だと、いくら「ブロガー」というワードで検索してもなかなか検索結果に出てこないでしょう。ところが、「ブロガー ヨスの自己紹介」という記事タイトルにすると、

「ブロガー」と検索したときの検索結果に表示されやすくなります。もちろん順位まではわかりませんが、とにかく**「ブロガー」というキーワードを記事タイトルに入れるだけで、「ブロガー」と検索したときの順位が上がるということです。**

キーワードを効果的に記事タイトルに入れる4つの手順

ここでは、「検索意図を意識したキーワード」を記事タイトルに入れるときの基本的な考え方について順を追って解説しましょう。

❶ 記事に対する「検索意図」を考える

まず、**「どんなことを知りたがっている人が読めば、この記事は満足されるか?」**という「記事に対する検索意図」を考えます。

わたしの自己紹介ページを例に、次のような検索意図を考えてみました。

```
【例】ヨスの自己紹介ページの検索意図        ※Googleが思っていること

香川県には本気でブログを書いている人に
どんな人がいるのだろう?
```

そう思う人がわたしの自己紹介を見ると、「なるほど、香川県にはブロガーのヨスという人がいるんだな」ということを知って満足してもらえるのではないかと考えます。

❷ 答えではなく「質問」を記事タイトルに入れる

今度はその検索意図を持った人が、検索するときに「どんなキーワードを検索窓に入力するのか?」を考えます。

ここでポイントなのが、**検索窓は、いわば「質問箱」**だということです。これは勘違いしやすいのですが、検索に対する「回答」ではな

く「質問するときのキーワード」が記事タイトルに入っている必要があります。

検索窓は「質問箱」

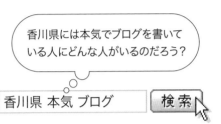

「**香川県**には**本気**で**ブログ**を書いている人にどんな人がいるのだろう？」と思った人は「香川県　本気　ブログ」のようなキーワードで検索します。

　これは回答ではなく「質問」ですよね？　つまり質問に使われる「香川県　本気　ブログ」というキーワードを記事タイトルに入れたわけです。そのことを踏まえ、次のような記事タイトルにしてみました。

【例】検索されるキーワードを入れる

ブロガー ヨスの自己紹介
香川県で本気でブログを書いています

❸ **検索で上位に来てほしいキーワードはタイトルの前のほうに**

　次のステップは、キーワードを記事タイトルのどの位置に入れるかということです。一般的には、**検索順位で上位を狙っているキーワードを記事タイトルの前のほうに入れると有利**になります。

　先ほどの例で、「香川県　ブログ」というキーワードで検索したときに検索結果で上位に来てほしいのなら、「香川県　ブログ」という

キーワードをタイトルの前のほうに入れるべきです。

【 変更前 】 キーワードをとりあえず入れた

ブロガー ヨスの自己紹介
香川県で本気でブログを書いています

【 改善例① 】 狙っているキーワードを前に

香川県で本気でブログを書いている
ブロガー ヨスの自己紹介

　さらに、**狙っているキーワード同士が近くにあるほうがGoogleに
キーワード間の関連性が伝わりやすい**ので、「香川県」と「ブログ」
の間にはなるべくほかの言葉をはさまないようにしましょう。

【 改善例② 】 狙っているキーワード同士は近くに

香川県でブログを本気で書いている
ブロガー ヨスの自己紹介

　ここで１つの疑問が生じます。「ブロガー　ヨス」で検索した場合
もしっかり検索で上位に来てほしいなら、「ブロガー」と「ヨス」と
いうキーワードを前に持ってくるべきでは？……と思いません
か？　でも大丈夫です。こちらはうしろのほうに入れておけば十分な
のです。なぜなら、「ブロガー　ヨスの自己紹介」という記事を書い
ている人は、世界広しと言えどもわたしだけですから（もちろん同じ
名前のブロガーがいれば競合します）。

ほかに書いている人がいない記事は、必然的に1位に来ます。つまり、なにもしなくても「ブロガー　ヨス」で検索すれば上位に来るのがわかっているため、記事タイトルのうしろのほうでも問題ないのです。もっと言えば、記事タイトルに「ブロガー　ヨス」を入れなくても検索結果で1位になる確率は高いでしょう。

　ただ、検索結果に記事タイトルが現れたときに、「ブロガー」「ヨス」というキーワードも見えたほうが検索する人にとって便利だと思えるため、結果的にはこれらのキーワードも入れているのです。たとえば、香川に住む1人のブロガーを知りたいのではなく、「いろいろな人を紹介している記事が見たい」という検索意図を持った人が間違ってクリックしないためにです。最終的には次の7つのキーワードが自己紹介の記事タイトルに入りました。

最終的に記事タイトルに入ったキーワード

- 香川県
- ブロガー
- ブログ
- ヨス
- 本気
- 自己紹介
- 書いている

　これで「香川県　本気　ブログ」「香川県　ブロガー」「ブロガー　ヨス」など、多様な検索ワードで上位に来るでしょう。

❹ Googleキーワードプランナーを参考に

　記事タイトルを考えるときに、「どういうキーワードを入れれば検索されやすいのだろう？」と考えることが大切です。

　でも、どうしても思い浮かばない場合もあるかもしれません。そんなときは、**Googleの「予測検索」**が参考になります。これは、検索窓にキーワードを入力したときに、ほかの人が検索しているキーワードも一緒に出力してくれる機能です。つまり、どういうキーワードが検索ワードとして使われているのかをチェックできます。

※ この画像はわたしが
　作成したものです

　そしてもっと専門的に調べるには「Googleキーワードプランナー」がオススメです。

Googleキーワードプランナー

https://ads.google.com/intl/ja_jp/home/tools/keyword-planner/

　これを使えば、**検索窓に入力するキーワードが「月間にどの程度検索されているか？」**という数字を調べることができます。

　本気で検索順位を上位にしたい場合は、需要のあるキーワードを無視できません。ぜひ、意識的に読者が検索するときのキーワードを記事タイトルに入れるようにしましょう。

　■ Check!

□ 「検索意図を意識したキーワード」を記事タイトルに入れる
□ 上位を狙っているキーワードは記事タイトルの前のほうへ

04 「リンク」は読む人のことを 考えて張る

「どんな言葉で書いてリンクを張れば、読者にとって わかりやすいかな?」と考えることで、読者のために なるとともに、Googleにも評価されやすくなる。

「リンクテキスト(アンカーテキスト)」はインターネットの大革命

　わたしがインターネットでもっとも合理的で革命的だと感じている ものが「リンク」です。紙の書籍の場合、「くわしくは46ページをご 覧ください」という文があっても、そのページをめくらなければ見ら れませんが、インターネットならこれだけですみます。

【例】 URLをクリックするとリンクで飛ぶ

わたしのブログ「英語びより」もご覧ください。

https://ipa-mania.com/

　このURLをクリックするだけで、リンク先の情報を見られるので す。しかも、ブログのなかのリンクは次のように、**文字自体を「リン クテキスト(リンクになっている文字)」**にできます。

【例】 文字自体をリンクに

わたしのブログ「英語びより」もご覧ください。

「英語びより」という言葉をクリックするとリンク先に飛べる。これはインターネットがもたらした大革命だとわたしは感じています。

わたしのブログ「英語びより」をすでに知っている人はこのリンクを無視して読み飛ばせ、「え？『英語びより』ってなに？」と思った人はこの文字をクリックして、疑問を解決できます。

その言葉を知っている人にも知らない人にも優しく、スマートなのがリンクテキストなのです。

「わからない人がいるかも？」と思ったら「リンクどき」

文章を書いていて、「この言葉はわからない人がいるかも？」と思うことがあります。たとえば、ブログでメキシコについて書いていると「タコス」という単語が出てきたとします。もちろん、知っている人も多いですが、知らない人もいると想像できます。**そう思ったら「リンクどき」、つまりリンクを張るタイミング**なのです。ぜひ「タコスとは？」という記事に説明の記事のリンクを張りましょう。

逆に、「リンクを張れと言われても、そんな記事書いていないんだけど？」と思ったら、それは**新しい記事を書くタイミング**でもあります。読者は「なにかを調べるため」に検索結果からやって来るのに、たどりついたブログの記事内に「わからない言葉」があったらどうでしょうか？　検索でたどりついた記事で使われている言葉がわからないため、さらに検索する……という面倒な事態になりかねません。

面倒というのは、つまり「あなたのブログから離脱される」ということを意味します。もちろん、「Wikipedia」のような「外部サイト」にリンクを張ってもいいのですが、**「世界一わかりやすく説明するぞ！」という意気込みのもと「自分の言葉」で書く。**この心がけがあなたのブログの質をどんどん高めていきます。そして、その記事へ「内部リンク」を張って解決することをオススメします（自分のブログ内の記事へリンクを張ることを**「内部リンク」**と呼ぶので覚えておいてください）。

リンクされたページは検索で強くなる

内部リンクは読者にとって利便性が高いだけでなく、もう1つの点でも重要です。**Googleはリンクがたくさん張られている記事をいい記事だと評価する**からです。次のようなプロセスでGoogleが考えていると理解するとわかりやすいでしょう。

Googleが考えている（であろう）プロセス

❶ たくさんリンクされている（参照されている）ページは、信頼性があって有益に違いない

❷ リンクを張られているこのページを評価して、検索されたときに上位に表示するようにしよう

つまり、メキシコが好きで、メキシコに関する記事をいろいろと書いていると、「タコス」という単語が何度も出てくるかもしれません。そのたびに「タコスとは？」という自分で書いた記事に内部リンクが張ってあるとどうでしょうか？　読者にとって便利であるだけでなく、**その記事へのGoogleからの評価が上がり、リンクされた記事が検索順位で上位に来やすくなる**のです。

「どんな文字でリンクを張るか？」も重要

リンクテキストを入れるときに重要なのが、クリックした先の**ページの内容が「どんなページなのかが予測できる文字」**にすることです。

先ほどの例ですが「<u>タコス</u>がオススメです」のようなリンクテキストをクリックすると、**どんな情報が書かれているページに行ってほしい**でしょうか？　わたしが読者なら「タコスってなに？　タコスについて」という記事に飛んでほしいと考えます。でも、もしかすると「タコスの作り方」という記事に行ってほしいと思う人もいるかもしれません。たとえば、次のようにするとわかりやすくなるでしょう。

　これだと、クリックすれば「タコスってなに？」という記事にたどりつけることが一目瞭然です。ただし、これもそのときどきで変わってくるので、そのつど「どんな言葉を使ってリンクを張れば読者にとってわかりやすいか？」と考えるようにしましょう。

　初心者がよくやってしまう致命的なミスが、「タコスについて<u>くわしくはこちら</u>」のようにリンクを張ることです。これはSEOの観点からするとNGで、絶対にやってはいけません。**Googleは「リンクになっている文字（キーワード）」を「リンク先ページ」の検索順位の指標として使う**からです。

　「くわしくはこちら」というリンクテキストをクリックして「タコスについて」のページに飛んでも、このときのURL先（たどりつくページ）はGoogleに次のように理解されます。

　つまり、まったく期待していない「くわしくはこちら」というキーワードで検索したときの順位が上がるのです。庭園でチョウに寄ってきてほしいと思っているのに、ハエばかりが寄って来るような残念さです。

「タコスとは」というキーワードで検索順位が上がってほしい場合は、リンクのテキストも「タコスとは」というキーワードを書きましょう。

「タコスとは」という記事へのリンクテキスト
【×】タコスについてくわしくはこちら
【○】タコスがオススメです
【◎】タコスがオススメです（参考：タコスとは？）

　ここではSEOという観点から「どういうリンクテキストがいいか？」について紹介していますが、あくまで基本は読者の視点だということを忘れないでください。**読者が「この文字をクリックするとこんなページに行きそうだな」と瞬時に理解できる文字にするのがもっとも望ましい**からです。

むやみにリンクを張りまくるのはやめよう

　このように話すと「リンクをたくさん張ればいいのか」と、無闇にリンクを張る人もいるかもしれないので、注意点をまとめます。

リンクを張る際の注意点
- 同じ記事内から同じリンク先に何個もリンクを張らない
- ぜんぜん関係のないところからはリンクを張らない

　まず、同じ記事のなかから何個も「同じリンク先」へリンクを張らないようにしましょう。たとえ「タコス」というキーワードが同じ記事内に100回出てきたとして、そのすべてのキーワードがリンクになっている必要はありませんよね？

　あまりにもリンクがありすぎると目ざわりです。その記事が「タコス」を知らないと読み進められないのであれば、記事の冒頭に「タコスってなに？ をご覧ください」と目立つリンクとして一度入れるだけでいいでしょう。ちなみに**同じ記事内にリンクを増やしてもSEOの効果が倍になることはありません。**

　同じように、まったく関係ない記事の、まったく関係のない文脈か

ら突然リンクを張るのもNGです。

　スマホについての記事のなかで、唐突に「タコスについてくわしく知りたいならこちら」とリンクを張っても不自然ですよね？　リンクを張るのなら、**文脈的に「そこにリンクがあれば読者にとって有益だ」というところだけにしましょう。**

　Googleは関連性のある記事からのリンクをとくに評価します。関連性のあるリンクに関して、「海外SEO情報ブログ」を運営する鈴木謙一さんの作られた「共起語」という概念がわかりやすいです。「共起語」とは、なにかについて記事を書くときに頻繁に一緒に書かれることの多いキーワードのことで、参考にしてみてください。

共起語SEOをもう一度解説してみる | 海外SEO情報ブログ
https://www.suzukikenichi.com/blog/debanking-seo-using-co-occuring-phrases/

Check!

☐　リンクの張り方も、あくまでも「読者目線」で
☐　読者が便利と感じるリンクはGoogleにも評価されやすい

05 記事構造を意識して「見出し」を考える

「見出し」を効果的に入れることで、Googleにもわかりやすくなる。すると、検索結果で上位にも?

きちんとした見出しはGoogleに伝わりやすくなる

読者に満足してもらう記事にするためには、「文章のわかりやすさ」も大切です。同じくらい大切なものが**記事構造のわかりやすさ**です。

文章自体は悪くないのに、記事構造がわかりづらいせいで「なについて書いているのか?」がわからないブログを見かけ、もったいないと感じます。つまり、**「文章力を磨く=伝わる文章になる」ではない**のです。

その記事構造をわかりやすくするために必須なのが、Chapter 04-03でも触れた「見出し」です。見出しの活用について理解していただくために、「居酒屋のメニュー」を例にあげてみましょう。

「居酒屋のメニュー」の見出しの構造

① メニュー

② 焼き鳥	② 飲み物	② その他
③ み	③ ビール	③ チヂミ
③ はさみ	③ 芋焼酎	③ たこ焼き
③ ずり	③ ソルティ・ドッグ	③ 卵焼き
③ きも	③ スノーボール	③ ヒレカツ
③ かわ	③ 烏龍茶	③ ピザ
③ 軟骨	③ 炭酸水	③ タコス

前ページのメニューは①〜③の3つの構造から成っており、ブログだと次のようになります。

見出しの3つの構造

　①→ 見出し1 （＝記事タイトル）

　②→ 見出し2

　③→ 見出し3

「見出し1」にあたる「メニュー」は「記事タイトル」を指します（もしブログの記事タイトルなら、具体的に「居酒屋ヨス屋のメニュー」など）。

　その「メニュー」を構成しているのが、下位層にある「見出し2」で、そのさらに下位層に「見出し3」があるという構造です。ポイントは、**下位の見出しほど具体的になっていく**ということ。

　この上下関係で「構造」が明確になると、文章を読む人だけでなく、執筆側にとっても書きやすくなります。

　たとえばレストランのレビューを記事にするときには、右ページのような見出し構造が考えられます。

「見出し1」が1つあり、その下位層の見出しが「入れ子」のようになっています。 こうやって見出しに上下関係があり、入れ子形式になると、情報の整理ができているため読者にとっても見やすい（＝情報が見つけやすい）はずです。

　見出しが構造的になると、Googleにとってもわかりやすくなります（読者の1人であるGoogleは超・構造マニアなので）。

　このように、記事の構造を明確にすると「この記事にはどういうことが書かれているのか？」をGoogleにも伝わりやすくします。**Googleに伝わりやすいということは、検索順位でも上位に来やすい**と言えるのです。

レストランのレビュー記事の見出し構造例

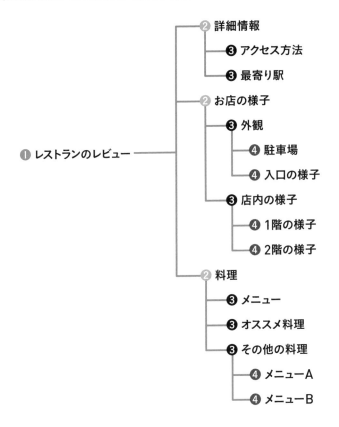

見出しで気をつけたい6つのこと

Googleに「ここが見出しだよ」ということをより伝えるには正しく「見出し」をつける必要があります。

では、見出しについて気をつけることをまとめます。

❶ 「記事タイトル」は「見出し1」である

まず多くの人にとって盲点となるのが、**「記事タイトル」**が**「見出**

し1」を兼ねているということ。たとえば「オススメの食洗機3選」という記事タイトルの場合、これは「見出し1」も兼ねているのです。つまり、次のような構造は不自然になります。

【NG例】見出し1の存在を忘れている

※ブログの構造

① **オススメの食洗機3選**（記事タイトル）
② **オススメの食洗機3選**
　③ 商品A
　③ 商品B
　③ 商品C

なぜ不自然なのかというと、「オススメの食洗機3選」という「見出し1（＝記事タイトル）」の下位層に、「オススメの食洗機3選」というまったく同じ文言の「見出し2」があるからです。しかも、見出し2が1つしかないのも不自然ですよね。

常に**「見出し1」の存在を意識して、上下関係を考えましょう。**

【改善例①】見出し1を含めて構造が考えられている

※ブログの構造

① オススメの食洗機3選（記事タイトル）
　② 商品A
　② 商品B
　② 商品C

これが**「見出し1」も含めて見出し構造が考えられている**ということです。見出し2を増やし、求められる情報を追加してもいいでしょう。

【 改善例② 】見出し2を複数に

※ブログの構造

① オススメの食洗機3選！　選ぶポイントは？（記事タイトル）
　② **食洗機を選ぶポイント**
　② **オススメの食洗機3選**
　　③ 商品A
　　③ 商品B
　　③ 商品C

　見出しのなかに1つの見出しという構造も避けるようにしましょう。1つしかないのなら見出しをつける意味はありませんから。

❷ 見出しはキャッチコピーのようなイメージ

　見出しは文章の延長ではありません。**見出しのあとに続く文章を1つのグループとみなしたときの、「要約」となるような役割**です。見出しに続く文章にどういうことが書かれているのかが端的にわかりやすいようにしましょう。キャッチコピーを考えるようなイメージを持つと、つけやすくなります（Chapter 07でも紹介します）。

❸ 見出しは短く

「見出しはキャッチコピー」のようなものと書きましたが、インパクトがあるだけでなく、短い言葉でなにが書かれているのかもわかるようにしましょう。

短い言葉で表現する
　【×】 このお店のナポリタンが今まで食べたなかでもダントツで美
　　　 味しいので絶対に食べることをオススメします
　【○】 オススメはナポリタン

❹ 見出しは具体的に

「見出しは短く」と書きましたが、単に短くすればいいというわけではありません。見出しには「具体性」も大切です。

たとえば、レストランについての記事のなかでは「メニュー」という見出しをつけるのではなく、「ヨス屋（※ お店の名前）のメニュー」とつけるだけでも、より具体的になります。**相対的な表現よりも絶対的な表現のほうが読者にも Google にも、明確で伝わりやすい**からです。

具体性を持たせる

【×】メニュー

【○】ヨス屋のメニュー

ただし、店名が長すぎる場合には短くするなどの工夫が必要です。Google への伝わりやすさだけでなく、読者への伝わりやすさも大事ですから。

❺ 検索を意識して情報があることを明確に

本気で検索結果の上位を狙う場合、前節で紹介した「キーワードプランナー」などを使い、**よく検索されているキーワードを見出しに入れる**と効果的です。そのほうが Google に「この記事にはちゃんとその情報がありますよ」と伝わります。

たとえば、ナポリタンの美味しい「ヨス屋」というお店があったとします。「ヨス屋　ナポリタン」と検索されることが多いのなら、**「ヨス屋のナポリタン」**という見出しがあったほうが Google に**「情報が書かれていること」**を伝えやすいでしょう。

❻ 見出しは「見出し４」までで十分

見出しは「見出し４」までで十分です。それ以上が必要な場合は記事が複雑すぎる可能性が高いので、記事自体を分けることも検討しましょう。

【参考】「記事タイトル」と「見出し1」を別に設定する方法

　先述したように、「記事タイトル」に入力したものがそのまま「見出し1」と「検索結果に表示されるタイトル」に表示されます。ところが、**「記事タイトル」と「見出し1」は違った役目を持つため、同じだと困るケースがある**のです。

好ましい「記事タイトル」

- 検索結果で読者がクリックしたくなるもの
- 検索される「キーワード」が考えられているもの

好ましい「見出し1」

- カテゴリーページなどに一覧として表示されるため、簡素でわかりやすいもの
- 順番に読んでほしい記事なら「通し番号」

　つまり、「記事タイトル」は検索結果で上位に来ることを意識してつけますが、**「見出し1」は読者がブログ内を回遊するときに見やすいものにする**必要があります。

　たとえば、ブログ内で旅行記の連載を執筆しているときに、「沖縄旅行記（3）」のような通し番号をつけたとします。これは検索する人にとっては不要な情報ですが、ブログ内では「すでに（3）までは読んだ」ということがわかりやすいため、番号を入れることは読者にとって有益です。

　WordPressには「記事タイトル」と「見出し1」を別々に設定できるプラグイン「Yoast SEO」があるので、必要な場合はインストールするといいでしょう（使い方はダウンロード特典のPDFで紹介しています）。

Yoast SEO

https://ja.wordpress.org/plugins/wordpress-seo/

検索結果に表示される「メタディスクリプション」

補足として、「Yoast SEO」では「**メタディスクリプション（記事の説明）**」という**項目**も埋めておきましょう。ここに入力したものが検索結果に現れる「記事タイトル」のすぐ下に表示されます。100〜150文字程度で記事に書いていることを要約して入力しましょう。

Yoast SEO は次節で紹介するカテゴリーページやタグページでも設定できるため、重宝します。

☐ Check!

☐ 見出しの構造を意識する
☐ 下位の見出しほど具体的になっていく

06 カテゴリーページで 検索上位を狙う

自動で作成される「カテゴリーページ」。「下位層に入っている記事」への「交通整理」の役目になることを意識する。

カテゴリーにも「構造化」の視点が重要

　前節では「見出し」を構造化させることについて話しました。この**「構造化」という視点は、実はカテゴリーについてもまったく同じこと**と言えます。

　たとえば前節で例に出した「見出しの構造」を思い出してください。もし「ヨス屋」というお店について特化したサイトを作るなら、次のようなカテゴリー構造になるでしょう。

レストランに特化したブログのカテゴリー構造例

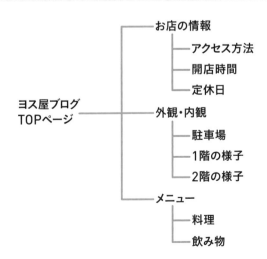

見出しとカテゴリーはまったく同じ考え方です。**「どの情報がどの情報の上位／下位に来るか？」を考えながら構築**しましょう。

カテゴリーページの役目は「交通整理」

では、肝心の「カテゴリーページ」は、どのようなページにするのが好ましいのでしょうか？　WordPressの場合、なにも触らなければ、下図の左側のようなページになります。

WordPressのカテゴリーページ

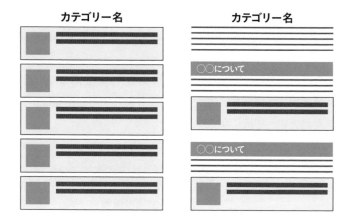

ただ単に、そのカテゴリーに入っている記事がずらっと羅列されるだけです。このままの状態だとカテゴリー内に20、30と記事が増えるにつれ、希望の記事を探しにくくなります。

そこで、右図のようにカテゴリーページに説明文を入れるのです。**カテゴリーページの目的は「交通整理」**であり、下位層にある記事にたどりつきやすい構成にするのが理想でしょう。

でも、どうやって多くの文章をカテゴリーページに入れるのでしょうか？　WordPressの場合、カテゴリーページに文章を入れる機能が備わっています。前節で紹介したプラグイン「Yoast SEO」を使えば、

カテゴリーページにもふつうの記事と同じように豊富な装飾ができるようになるので、「説明文」のところに**1つの記事を書くつもりで情報を入れましょう**。

こうすることによって、ブログのカテゴリーページでも検索結果の上位を取ることができます。実は**ブログの構造的に良質なリンクが自動的に集まるカテゴリーページは、検索でも有利**です。

ちなみに前節でも紹介しましたが、カテゴリーページにおいても「記事タイトル」と「カテゴリー名（＝見出し1）」は目的が違うので、「Yoast SEO」を使って別々に設定することをオススメします。

カテゴリーページ運用で気をつけたい4つのこと

カテゴリーページの運用で気をつけたいことをまとめておきます。

❶ カテゴリーURLを変更する

WordPressで作ったカテゴリーページのURLは、通常だと日本語のままで、たとえば「味噌ラーメン」のようになるので、**アルファベットで「miso-ramen」のように変更**しましょう。

❷ 薄っぺらいカテゴリーページは作らない

カテゴリーページは重要であるにもかかわらず、根本的に情報として薄っぺらくなりがちです。なぜなら、先述したように**豊富な文章を入れない場合、ただのリンク集ページになる**からです。

しかも、そのカテゴリー内に属する記事数が1つや2つの場合、かなり薄っぺらいページになりかねません。そのようなカテゴリーページを生み出さないためにオススメなのが**「カテゴリー内の記事数が増えたら下位層のカテゴリーを作って細分化」**という流れです。「iPhone」というカテゴリー内にアプリについての記事が増えてきたら「iPhoneアプリ」のようなカテゴリーを下位層に作り、そちらに移動するというイメージです（Chapter 02-06で紹介）。

❸ カテゴリーは2つにまたいでも問題ない

　基本的には1つに限定したほうがシンプルでオススメですが、2つのカテゴリーに入れた場合も問題ありません。

❹ すべてのカテゴリーを網羅したサイトマップページを作る

　自分のブログにどんなカテゴリーがあるのかを俯瞰できるページがあると、書く側としても書きやすいです。WordPressの場合は「個別ページ」の機能で作るといいでしょう。

　Chapter 05-07でも紹介した「Table of Contents Plus」を使うと簡単にサイトマップページを作れます。

カテゴリーの構造はわかりやすくする

　「カテゴリーページで検索上位を狙う」という方法を**ブログでやっている人は非常に少ないです**。わたしはネットショップ運営をしていたころから当たり前のようにやっており、その経験は今に活きていると感じます。

　最後に、「カテゴリーの構造」もしっかりと考えましょう。カテゴリーの構造を整理し、上下関係を明確にするのです。カテゴリーページ自体のメンテナンスよりも、**カテゴリー構造がGoogleに伝わりやすくなること**のほうが重要なくらいです。

■ Check!

☐ 下位層に入っている記事にたどりつきやすいように構成する
☐ カテゴリーページは、構造的に良質なリンクが集まる

「まとめ記事」を作成する

ある程度記事の数が増えてきたら、「まとめ記事」を書いてみよう。

「まとめ記事」は過去記事にうまくリンクを流すためのページ

わたしは「まとめ記事」とは、**「今まで執筆してきた『自分の記事』にうまくリンクを流すためにまとめたページ」**と定義しています。「まとめ記事」の構成を説明すると、次のようになります。

「まとめ記事」の構成例

■ 大阪のオススメ観光地10選（記事タイトル）

【1】大阪城（見出し）
【文章 + 抜粋写真】
➡「大阪城」について書いた記事へリンク

【2】海遊館（見出し）
【文章 + 抜粋写真】
➡「海遊館」について書いた記事へリンク

（以下繰り返し）

「連休に旅行で大阪に行くのだけれど、オススメの観光地はどこだろう？」と思ったときに、**くわしい人が1つの記事のなかでまとめてくれていると「情報の美味しいところ取り」ができます。**
「東京 オススメ 観光地」や「新宿 オススメ ラーメン」のよう

に「オススメを知りたい！」という気持ちで検索する人は非常に多いので、ぜひ用意しましょう。

読者に満足される「まとめ記事」の書き方

ここでは、良質な「まとめ記事」を書くポイントをまとめておきます。

❶ 文章をしっかりと書く

「まとめ記事」には、ただリンクを入れるだけではダメです。**すでに個別の記事で紹介している内容を要約して入れるイメージで、しっかりと文章を入れることが大切です。**

とはいえ、1つ1つの項目が長すぎると記事全体の文章量も多くなりすぎ、読むのが大変になります。オススメする項目が5つなら多めに、20も30もある場合は少なめでかまいません。

❷ くわしく知りたい人は「さらにくわしい記事」に誘導

読者が「大阪のまとめ記事」を読んでいて「もっと大阪城について知りたい」と思ったときに、**リンクをたどって個別記事へ行けるようにします。**個別記事というのは、この例なら「大阪城」だけについて個別に書かれた記事のことです。

興味のない人は個別記事は読まなくていいので、ユーザーに選択枝があり、満足度も高くなります。

❸ 画像も入れる

「まとめ記事」には個別のページを要約した文章だけでなく、魅力的な画像も入れましょう。**ほかの記事で一度使っている画像を何度使ってもまったく問題ありません。**

❹ いろいろな切り口から書く

「まとめ記事」は、検索される需要を考え、すでに書いている記事を使っていろいろな切り口から書きましょう。たとえば、いろいろな

ミュージシャンや曲について書いているブログなら、次のような「まとめ記事」が書けそうですね。

Chapter

06

「最強のSEO」とは？

ミュージシャンを紹介するブログの「まとめ記事」の例
- リラックスしたいときにオススメの曲
- ドライブのときにオススメの曲
- クリスマスに聴きたいオススメの曲

切り口は無限にあるので、ニーズを考えながらいろいろな「まとめ記事」を考えてみてください。

❺ 個別の記事から「まとめ記事」にリンクを張る

さらに、「個別の記事」から「まとめ記事」にもリンクを張りましょう。先ほどの例の場合、「大阪城についての記事／海遊館についての記事（個別記事）」から「大阪のオススメ観光地（まとめ記事）」へリンクするようにです。

こうすることで、**「まとめ記事」自体にも関連性のある良質なリンクが集まり、検索に強くなります。**

❻ 先に「まとめ記事」を書いてもOK

ここまでは先に個別の記事を書いておいて、記事がたまったら「まとめ記事」を書く手順で説明してきました。これは逆でもかまいません。**「まとめ記事」を先に書き、各項目を掘り下げて書く**イメージで、あとから1つ1つの項目を個別記事化するパターンでもOKです。

先に「まとめ記事」を書いておけば「なにを書いていけばいいか？」の指標にもなるので、記事のネタにしばらく困らなくなるというメリットもあります。

❼ 信頼性を見せる

「まとめ記事」で大切なポイントとして「信頼性」があります。「大阪のオススメ観光」についての記事の場合、大阪に行ったことのな

い人が書くより、大阪に住んでいる人が書いたほうが信頼できそうですよね？　Chapter 05-06でも紹介しましたが、**「信頼できる1文」を冒頭に入れましょう**（ウソは絶対にダメです）。

「まとめ記事」はリンク集である

「まとめ記事」はある意味では「リンク集」とも言えます。検索順位を高くするためにはリンクが張られることが重要で、**関連性の高い記事からのリンクがいいでしょう**。

　そのため、「まとめ記事」からのリンクは関連性もパーフェクトで、良質なリンクを受け渡せます。

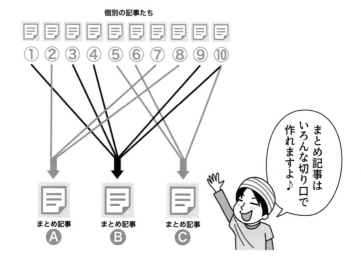

個別の記事たち

① ② ③ ④ ⑤ ⑥ ⑦ ⑧ ⑨ ⑩

まとめ記事
Ⓐ

まとめ記事
Ⓑ

まとめ記事
Ⓒ

まとめ記事はいろんな切り口で作れますよ♪

■ Check!

□ リンクを張るだけでなく、記事の要約文も入れる
□ まとめ記事をリンク集にしていくと、評価も高くなる

08 フロー型の記事と ストック型の記事について

ブログには日記やニュースのように時事性の高いものと、普遍的なテーマが書かれているものがある。その2つの違いと特徴は?

「フロー型」と「ストック型」の違いとは?

　ブログの記事には大きくわけて2種類が存在します。1つは「フロー型の記事」で、もう1つが「ストック型の記事」です。

● フロー型の記事

　フロー型の記事は「flow（流れる）」という意味で、現在の「旬」にフォーカスして書く記事です。

フロー型の記事は「旬」にフォーカス

- トレンドニュース
- 話題になっているテレビ番組など
- スポーツの試合結果

　どれも「旬」を扱うため、多くの人が興味を持ちやすく、話題にもなりやすいでしょう。TwitterなどSNSで拡散される可能性が高いのですが、逆に普遍的に需要があるわけではないと言えます。一時的には注目されますが、期間が経つとアクセスがなくなることがほとんどで、**フロー型の記事は寿命が短い**という弱点があるのです。

　フロー型の記事を書くときに重要なのは、情報収集のスピードで、海外のほうが情報が新しいジャンルなら英語の記事を読むのも有効です。**ネタは時間とともに古くなるため、とにかく早く書くことが大切**

でしょう。運営ブログ自体の評価が低くても、情報を早く書けば検索で上位に来ることもありますが、Chapter 02-03でも書いたように「情報の横流し」にならないように注意が必要です。

❷ ストック型の記事

　ストック型の記事というのは「蓄積（ストック）されていく」という意味です。たとえば、次のような記事です。

ストック型の記事には情報が溜まっていく

- モテる方法
- バスケットボールのシュートの打ち方について
- 新宿のオススメのカフェ

　こういうネタは流行り廃りがなく、半永久的に検索されます。なかでも**恋愛やお金を稼ぐ方法のように普遍的な欲望に訴えるテーマは、つねに高い需要**があります。検索結果で上位に来ると、1日に数百〜数千のアクセス数になることもあるでしょう（先述した「YMYL」に該当するテーマには気をつける必要がありますが）。

　ただし、ストック型の記事は、多くの人の関心と自分の関心が一致していればいいのですが、そうではないことも多いです。需要がないと検索されないため、**書くネタによってはまったくアクセス数が増えない**というデメリットもあります。

　そんな場合はどうすればいいのでしょうか？　書く範囲を広げていくのです。自分が好きなことから数珠つなぎに、**「そこまで興味はないが書くのはつらくない」という範囲に広げていく**と、需要のあるネタにつきあたる確率がUPします。

　ヒットする記事を運まかせに狙うのではなく、もっと精度を高めたければ、先述した**「Googleキーワードプランナー」のようなツールで需要を探す**と効率がいいでしょう。

「フロー型」と「ストック型」のどちらを書くべき?

さて、「フロー型」と「ストック型」2つの型を紹介しましたが、どちらを書いたほうがいいのでしょうか? どちらも向き、不向きがあるように思えるので、自分に合ったものを選ぶことをオススメします。「フロー型」は、**新鮮な情報、流行りの情報を収集し、いち早く書くというスキルが必要**なため、挫折する人がたくさんいます。さらに賞味期限が短いため、安定したアクセス数を求めるなら一生泳ぎ続けるマグロのように常に書き続けなければなりません。

それに対して、「ストック型」は安定したアクセス数を得られますが、**検索結果で上位をとれない場合や、書いた記事に需要がないとアクセス数がまったく増えません。**アクセス数が増えるまでにブログをあきらめてしまう人が多いのも事実です。

「フロー型」と「ストック型」のどちらもいい点と悪い点があるため、両方を書くという選択もあります。「フロー型のブログ」を運営している人は、週に1本、2本はストック型の記事を書く……といったようにです。ストック型の記事の執筆は時間がかかるので、フロー型の記事を書いて残った時間で数日かけて1つの記事を書くイメージです。

ストック型のブログも「フロー型の記事」を取り入れてみてもいいかもしれません。わたしの場合は、フロー型の記事としては社会問題について思っていることを書いています。**フロー型の記事を書くようになってから「ファンが増える」という恩恵もありました。**

まずは「フロー型」で書き「ストック型」として仕上げる

まずは「フロー型」の記事としてあえて書き、後日にその記事をストック型に書き直すという方法もあります。

たとえば、オープンしたばかりのアミューズメントパークに行って

「超・楽しかった！」と思ったときは、**勢いにまかせて日記的に書いたほうが鮮度の高い内容になるでしょう。**「楽しかった」という気持ちを燃料に、主観的な感想を書くと筆が乗るものです。

　ところが、アミューズメントパークの情報は長い目で見ると、ストック型の記事のほうが検索意図に合っています。営業時間や入園料金などの客観的情報を調べる人が多いからです。

　そこで、1週間後でも1か月後でもいいので、日記的な記事に訂正や追記をするのです。**勢いで書いた日記に「見出し」をつけて構造的にしたり、「客観的情報」を調べて追記したりします。**そうすることで、主観的情報＋客観的情報になり、フロー型の記事からストック型の記事へと生まれ変わります。つまり、検索に強いハイブリッドな記事に変身するというわけです。

ハイブリッドなブログ「ゴリミー」の例

「フロー型」と「ストック型」の両方をうまく融合させたハイブリッドなブログの例として、「ゴリミー」を紹介します。

ゴリミーの「フロー型」「ストック型」（左：フロー／右：ストック）

▶ ゴリミー（ https://gori.me/ ）

「ゴリミー」はApple製品の最新ニュースを日々更新しているため、基本的には「フロー型のブログ」に該当しますが、購入した商品のレビュー記事が「ストック型の記事」になります。

ゴリミーでは「フロー型の記事」を投稿しっぱなしにするだけではなく、その情報を「まとめ記事」というストック型の記事にも再生産していて、ほしい情報にアクセスしやすくなっています。

さらに、「カテゴリーページ」や「タグページ（こちらは特典ダウンロードPDFで紹介しています）」にも情報がまとめられていて、**ブログ全体としてのメンテナンスが丁寧に行きわたっている**ことも人気の秘密でしょう。

前ページの２枚の画像を見くらべて、なにか違いに気づいたでしょうか？　実はゴリミーには、ほかの記事とはレイアウトやデザインが違う記事があるのです。これは書き手のゴリさんのこだわりで、たとえばMacやiPhoneといった「高級商品」を紹介している記事では、ほかの記事とは違った上質感のあるデザインになっているのです。

ゴリミーを見ていると、**「読者へのおもてなし」に対してこだわりのある運営は、ブログの価値を高めてくれる**ということがよくわかります。

■ Check!

☐ ブログ記事には２種類（フロー型とストック型）がある

☐ フロー型で書き、ストック型に修正していくと読者に親切

09 「いい記事を書き続けること」が最強のSEO

さまざまなSEOについての考え方、手法があるが、結局はいい記事を書き、いいリンクを張ってもらい、権威性のあるサイトに育てていくことに尽きる。

Googleは読者の「満足度」を数値から読み取っている

SEOについて、いろいろと紹介してきましたが、つまるところ**「読者の視点でいい記事を書き続けることが最強のSEO」**だと言えます。

それはなぜでしょうか？　Googleは「読者がきちんとその記事を読んで満足しているか？」をどのくらいの間、その記事に滞在しているか」といった数値を基準に評価にしているからです。たとえば、来た人が3秒で「戻るボタン」を押すような「直帰率の高い記事」が「いい記事」のはずがありませんよね？

「一次情報」を書くことの重要さ

「いい記事を書こう」と、抽象的に表現しましたが、そもそも「いい記事」とはどういうものでしょうか？

それは、**誰かに教えたくなる記事**です。本当にいい記事に出合うと、「大切なあの人にも読ませたい」と思いませんか？　信頼できるか疑わしい記事や、うさんくさいサイトの記事を大切な人には教えたくならないはずです。

検索結果で上位に来るには「オリジナルであること」も大切なため、「一次情報を書くこと」を意識しましょう。

「一次情報」とは、自分の体験や考察、検証などを通して書かれた情報のことで、いわば「オリジナルな情報」のことです。それに対して、

誰かから聞いて得た「一次情報」をもとに書かれたものを「二次情報」と呼びます。**ウソか本当かもわからない二次情報より、一次情報のほうが信頼性も価値もあります**が、執筆に手間と時間がかかるでしょう。

ちなみに、わたしがしつこく「好きなこと」「得意なこと」「興味のあること」を書こうとお伝えしているのも、一次情報を書けるテーマである場合が多いからです。

権威性のあるサイトからのリンクは評価が高くなる

いい記事を書くとほかのサイトやブログのなかで紹介され、リンクを張ってもらえます。

Chapter 06-04で「リンクがたくさん張られる記事は評価される」と書きましたが、自分のブログ以外からの「外部リンク」だとさらに効果的です。もっと言うと、**どんなサイトからリンクを張られるのかということも評価にかかわります。**

「E-A-T」の高いサイト、つまり権威性のあるサイトや信頼性のあるサイトからのリンクは評価が高いと言えるでしょう。たとえば、大手企業、市役所、病院などの公式サイトからリンクを張ってもらうことは難しいですよね？　もし張られたとすれば**「よっぽど信頼できるブログなんだな」とGoogleが評価を高くしても不思議ではありません**（かといってこれは狙ってできるものでもありませんが）。

最終的には「指名検索」されるように

検索順位は、Googleによって左右されます。検索順位が上がればアクセス数が増えますが、下がると少なくなります。実に厳しくもシンプルな話です。

わたしも検索順位が下がる経験を何度かしていますが、精神的にもこたえます。では、この苦行から逃れる方法はあるのでしょうか？　そ

の解決方法は、**読者にリピーターになってもらうこと**でしょう。「お気に入り」に登録してもらったり、「指名検索」されることです。

「指名検索」というのは**「自分のブログの名前」**もしくは、**「自分の名前」で検索されること**です。芸能人のブログが検索順位に関係なくアクセスが多いのは、知名度があって名前でダイレクトに検索されるからで、もはや「脱Google検索」とも言えます。

わたしたち一般人が「名前」で検索されるのは難しいですが、ブログ名で指名検索されるようになれば、たとえすべての記事の検索順位が落ちても一定のアクセス数が保てるのです。

そのためにはいい記事を書き続け、「○○と言えばこのブログ」と覚えてもらうだけでなく、**「自分を知ってもらう」ために能動的にSNSを活用していく**ことが今後さらに重要になってくるでしょう。

最後に、SEOに関してはGoogleの公式ページに軽く目を通しておくことを強くオススメします。

検索エンジン最適化（SEO）スターター ガイド

https://support.google.com/webmasters/answer/7451184/

■ Check!

☐ 検索結果で上位に来るには一次情報を書くことが大切
☐ いい記事を書き続け、読者にリピーターになってもらう

過去記事は
宝の山

ブログは「いつでも自由に書き直せる」
メディアで、以前書いた「過去記事」は
宝の山です。このChapterでは、
過去記事を適切に強化することによって、
さらにブログへのアクセスを
増やす方法について紹介します。

01 超重要！1つの記事には 1つのテーマ（主題）

読者は明確な「検索意図」を持ってあなたのブログにやって来る。せっかく来てくれた読者に対して、検索意図とは関係のないことが語られていたら……。

読者の「検索意図」を無視した記事はNG

今まで、たくさんの人たちにブログの基本を教えてきましたが、ブログをスタートしたばかりの初心者の方々に、ほぼ全員に言ってきた言葉があります。それは、**1つの記事には1つだけのテーマ（主題）に限定しましょう**ということです。

たとえばある記事で、「新宿にある中華料理店に行ってチャーハンを食べた。そのチャーハンの材料は……」と、グルメな文章を熱っぽく書いたとします。

ところが、文章の途中からその中華料理店でかかっていたテレビの話になったとします。サッカー中継が放送されていて、気がつけばサッカーの「オフサイド」というルールについて長々と説明していたらどうでしょうか？「新宿　中華」で検索して、あなたのブログにたどりついた読者がそんな記事を読んだら、当然のことながらブログを読むのをやめて離れていくでしょう。

読者は「検索意図」を持ってあなたの記事にたどりつくということをあらためて思い出してください。先述した例の場合、「新宿にある、その中華料理屋さんのことを知りたい」という「検索意図」があります。

それなのに、知りたい内容とは無関係なサッカーの話を延々と語られても困ります。なぜなら、読者の「検索意図」と大幅にズレているからです。

複数のテーマ（主題）が混在していたら記事を分けよう

「でも、サッカーについても語りたいんだよ」という気持ちはわかります。サッカーのことを書いてはダメという意味ではなく、**グルメ記事の中でサッカーについて熱く語るのはNG**だと言っているだけです。

この場合、新しい記事を用意して、そちらに「サッカーについて書いている部分」を移動し、新しい記事として生まれ変わらせるのです。そしてその記事も「読む人の検索意図」を想像し、「どんな回答を求めてこの記事に来るのか？」を考えながら、満足してもらえる記事に仕上げましょう。

もし過去に書いた記事を読んでいて、「ん？　結局この記事はなにが言いたいんだ？」という疑問が生じたときは、**複数のテーマ（主題）が混在している可能性が高い**です。この「複数のテーマが混在する問題」は、自分の思い入れが強い記事のなかでこそやってしまう傾向があります。

「あれも書きたい！　これについても語りたい！」と、強い熱意のままに書いてしまうと、「闇鍋」のような記事になってしまうのです。キムチはキムチ鍋、味噌は土手鍋、カレーはカレー鍋に、別の鍋として用意したほうがきっと美味しいはずです。

「学校」で検索する人はどんな検索意図を持っている？

ここで「検索意図」についてもっと深く考えてみましょう。たとえばですが、「学校」で検索する人はどういう検索意図を持っていると思いますか？

少し漠然としていますが、次のページをめくる前に検索する人の気持ちになって考えてみてください。

「学校」で検索している人の気持ち（検索意図）
- 「学校」という言葉の語源を知りたい
- 現在地の近くにどんな学校があるのか知りたい
- 最近起こった学校の事件について調べたい

　書き出してみましたが、どれだと思いますか？　実は、この答えは断定できません。**「検索意図が１つではない」**が答えです。

　こんな場合は、Googleで実際に検索するとヒントが得られます。検索結果は次のようになりました。

「学校」でのGoogle検索結果

【Google マップ枠】近所の学校が記された地図

【１位】Wikipedia の「学校」というページ

【ニュース枠】学校で起きた最近の事件

【２位】コトバンクの「学校とは」というページ

【３位】わたしの住む町の学校のサイト

【４位】近隣の学校のスクールバスの案内ページ

【５位】近隣の学校についてのページ

　検索結果は状況や検索する場所で変わりますが、いずれにせよ**Googleも「検索意図が１つではない」と判断している**ことがわかります。

　つまり、キーワードから「検索意図」が明確にわからない場合は、検索結果もいろいろなバリエーションがあるということです。

複合ワードで検索する人は検索意図が明確

　さて、今度は「学校　奨学金」というキーワードで検索する人の「検索意図」について考えてみましょう。

「学校　奨学金」というキーワードで検索する人の検索意図

- どうやったら学校の奨学金を借りられるのだろう？
- どこに行けば学校の奨学金の手続きができるのだろう？
- 学校の奨学金にはどういう条件があるのだろう？

「学校」というキーワードだけのときとくらべると、圧倒的に「検索意図」が明確になることがわかります。つまり、複数のキーワードがくっついた「複合ワード」で検索する場合は、**「検索意図」が明確でわかりやすいということ**です。

「○○高校　奨学金　手続き　どこでできる」のように、1回の検索で入力するキーワードが増えれば増えるほど「検索意図」は明確化します。

　以前書いた記事を読み直して、**書いた本人にも検索意図のイメージがわかない記事は、検索からのアクセスがほとんどない記事である可能性が高い**です。可能なかぎり、どの記事も「この記事はどんな検索意図に対する回答になるのか？」を明確にして書き直しましょう。

▣ Check!

- ☐ 1つの記事には1つのテーマ
- ☐ 過去記事を見て「検索意図」に対する「回答」になっているかをチェック

02 単調な文章に
なっていないか?

**読んでいて、なにか単調に感じる文章には文末に原因
があることが多い。単調な文章にならない文末表現の
コツとは?**

文末が「〜ます」で終わる文章の連続は稚拙に見える

　過去に書いた自分の文章を読み返してみると、「なんてヘタなんだ
ろう」と思うことがあります。「はぁ……」と落ち込みそうですが、
わたしはこれをポジティブに考えています。以前の自分では気づかな
かった「自分の文章の稚拙さ」に気づくということは、**今は確実にレ
ベルがアップしていることを意味している**からです。

　そんな過去の記事を読んでいてわたしが一番気になるのが「単調す
ぎる文末」です。たとえば次の文章の文末を見てください。

【NG例】同じ文が連続している

私が気に入っているアプリを紹介します。
「ハヤクナール」というアプリで人気があります。
このアプリを使うと文字入力スピードが向上します。
本当にこのアプリを考えた人は天才だと思います。
いい感じなので心の底からオススメします。

　すべての文末が「〜ます」で終わっているのです。なにか稚拙な感

じがしてしまい、書いている内容もレベルが低く見えないでしょうか？　残念なことに、たとえ「ためになること」を書いていても、**文末が単調だと稚拙な文章に見えてしまうのです。**

わたしの場合、**同じ文末が繰り返されるのは「最大でも2連続まで」**にしています（3つ以上続くと単調に見えてしまうため）。

文末で多用してしまう表現とは？

文末が「〜ます」「〜です」で終わるケースが多いのですが、このほかにも文末でついつい多用してしまう表現を3つ紹介します。

❶ 〜ですよ
「〜ですよ」は、「危ないですよ！」のように「注意喚起」という使い方があり、**連発すると押しつけがましい印象**になります。

❷ 〜ですね
「〜ですね」は自分の話したことについて聞き手に確認を求めるようなニュアンスで、連発されると「しつこい」という印象に。

❸ 体言止め
「体言止め」は、「出てきたのはアツアツの**ピザ**」のように、文末を名詞で終わらせる表現です。通常文のなかに、**ここぞというタイミングで用いることで効果を発揮します**が、使いすぎに注意しましょう。文末においても、Chapter 04-01で話したように「メリハリ」が大切なので、1つの記事で1〜2回程度に抑えましょう。

文末のバリエーションを豊かにする

では、具体的にどういう方法で文末表現のバリエーションを豊かにすればいいのでしょうか？　わたしが使っている表現をまとめました。

❶ 質問・問いかけ

～していませんか？／～でしょうか？

❷ 依頼・誘い

～ましょう／～ください／～はいかがでしょうか？

❸ 否定

～ません

❹ 推量

～でしょう／～かもしれません

❺ 省略

～ですから／～なので／～かも／～もぜひ

❻ だ・である（言い切り）調

～たりするのだ／～してみる／～すぎる

❼ 会話調

～だもんな／～かいっ／～だろ／～やん（方言）

「。（句点）」の代わりに「……」「～」「！」「♪」「(笑)」などを使うだけでも文末の雰囲気が変わります。文末の表現は個性が出るのでぜひ、いろいろ試してみてください。

■ **Check!**

☐ 「～ます」「～です」を連続して使わない
☐ 文末表現のバリエーションを増やす

03 おかしな日本語に なっていないか?

どんなにいい内容の記事でも、誤字や脱字があると、 それは読者が戸惑ってしまう一因に……。気づかない うちに間違えやすい文法ミスも知っておこう。

気をつけたい「文法ミス」や「誤字脱字」

　文章を書くときには勢いも大事です。好きなお店に行って感じたことや、好きな商品について書いているとき、いわゆる「筆が乗る」という状態になります。そんなときはいい文章が書け、スピードもアップするかもしれませんが、**文法ミスや誤字脱字が多くなってしまいがちです。**ここではよく見かけるミスを紹介します。

❶ 主語と述語がかみあわない

【×】**私のブロガーとしての成長**は、リアルでほかのブロガーとつながってきたことが重要だったと確信しています。

【○】リアルでほかのブロガーとつながってきたことが、**私のブロガーとしての成長に重要だった**と確信しています。

　悪い例では「私のブロガーとしての成長」が「確信しています」にかかっています。「確信している」のは「私」なので、主語と述語がかみあうように気をつけましょう（例文では主語としての「私は」は省略しています）。

❷ 修飾するときは直前に

【×】**必ず**毎日走ったからといって、やせるというわけではない。

【○】毎日走ったからといって、**必ず**やせるというわけではない。

「必ずやせるわけではない」と言いたいのに、「必ず毎日走った」と続けて読んでしまい、意味が伝わりにくくなります。**修飾する言葉は直前に置きましょう。**

❸ 同音異義語
【×】異常が私の気をつけている点です。
【○】以上が私の気をつけている点です。

「以上が」と書いたつもりが**「異常が」**に。

　日本語には同音異義語が多いので、漢字に変換するときには注意が必要です。たとえば次のようなものもあります。

同音異義語の例
【せ　い】　性／姓
【かんじ】　漢字／感じ
【きのう】　機能／昨日

　誤字脱字が多いと、どんなに内容がすばらしくても信頼性が落ちてしまいます。書いたあとのチェックは、必ず行なうようにしましょう。
　また、会社名やサービス名を記事内で書く場合は、必ず「正しい標記」にしなければなりません。たとえば、「Youtube」や「FACEBOOK」のような表記をよく見かけますが、正しくは「YouTube」「Facebook」です。

音声読み上げ機能を活用する

「ちょっとした文法ミス」は、サラッと流し読みしても気づかないことがあります。「なんか引っかかるけど、意味はわかるしいいか！」とスルーしそうですが、引っかかると感じるところは、**えてして文法がおかしい**というケースは少なくありません。

スマホの「音声読み上げ」機能

しかも自分が書いた文章は、たとえ何度もチェックをしてもミスに気づきにくいものです。

そこでオススメなのが、**パソコンやスマホに備わっている「音声読み上げ機能」**です。その名の通り、感情のないコンピューターが読み上げてくれるので、変なミスがあるとすぐに気づくことができます。ただし、

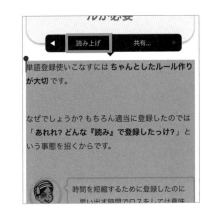

❸で紹介した同音異義語は発見できないので、ご注意ください。

☐ Check!

☐ 筆が乗って書いた文章ほど誤字脱字が多くなる

☐ 自分が書いた文章は何度チェックしてもミスに気づきにくい

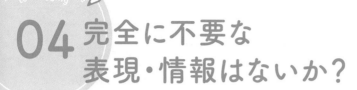

04 完全に不要な 表現・情報はないか？

過去記事を読み返すとき、それはレベルアップした今の自分が過去の自分の投稿を添削するようなもの。学んできたことを思いっきり過去記事にも反映していこう。

「ボカシ表現」は使わず自信を持って主観を書く

情報が少ない記事だけでなく、情報が多すぎる記事もわかりづらくなります。**不要な情報が多いと伝えたいことがボヤける**のです。

過去に書いた記事を読み返すときに「この情報、表現は必要なのか？」と常に問いかけましょう。たとえば、次のような表現、ついつい書いてしまっていませんか？

【 NG例 】 ボカシ表現は伝わりづらい

> **あくまで私の個人的な感想ですが、ほかの店よりもなんとなく海老天の衣がサクッとしているように感じます。私的にはなかなか美味しかったと思います。私はぜんぜんグルメじゃないので自信はありませんが……。(^_^;)ゞ**

大げさに書いていますが、Chapter 03-03でも紹介した「ボカシ表現」です。「わたしはぜんぜんグルメじゃないので自信はありませんが」というように、「保険」として断定を避けているのです。

ボカシ表現は基本的には不要なので、次のように**言い切ったほうが書いていても、読んでいても爽快**です。

> **【改善例】自信を持って書く**
>
> 海老天の衣がサクッとしていて、今まで食べたなかでも一番美味しい！　鼻から抜けるエビの風味を家に帰っても目をつぶって思い出すレベルでした。

　もちろん、**自信がないのに断定するのはよくありませんが、ついクセでボカしてしまうのはもったいない**です。なぜならボカシ表現は、「この人は知識も自信もないのに書いているんだな」と誤解され、その記事の信頼性を損ねてしまうからです。

　そもそも、料理の美味しさや芸術の評価などは「どちらが絶対に上」ということはありません。「高級料理よりファーストフードが美味しい」でもいいのです。ブログは主観だから面白いのです。

　そもそも全力でボカさなければならないほど自信が持てない内容なら、書かないようにしましょう。もっと自分が自信を持って書ける記事を書いたほうが人の役にも立ちますし、ファンも増えます。

余談にも目的を持たせる

　ブログは好き勝手に書いてもいいので、つい話が脱線して「余談」が入ることもあります。余談が入ると、それがスパイスになってもっとブログを好きになってもらえることもありますが、ほとんどの人にとって「多すぎる余談」は邪魔です。わたしは**基本的に「明確な目的のある余談」**を入れるようにして、**目的のない余談の場合は長くなりすぎないように**注意しています。

「余談に目的を持たせるなんて、どういう目的？」と言われそうですが、多くの場合は「信頼してもらう」という目的です。

　たとえば、本書を読んでくださっている人はブログを書いている人、ブログを書こうと思っている人が多いですよね？　それなのに、「余

談ですが、わたしが好きなマンガは……」とマンガの話がダラダラと続くと、どうでしょうか？　99%の人は「いや、マンガの話はいいから……」と思うことでしょう。でも、こんな余談だったらどうでしょうか？

> **【例】意味のある余談**
>
> **余談ですが、わたしは20歳前半までマンガ家を目指していました。そのときに得たコマ割りの知識がブログに活かされています。**

　逆に「その余談を教えて！」と思いませんか？　自分で書くといやらしいですが「ほかのブロガーと違った体験によって、わたししか持っていないノウハウがありそうな**すごそうな感じ**」がかもし出されますよね？　こういう余談なら意味があるのです。

　基本的に余談を入れるときには、意味のある余談を入れるようにしましょう。そして、「完全に余談」なら極限まで少なくし、読者の邪魔をしないようにしましょう。
「いやいや、余談についても思いっきり語りたいんだよ！」という場合は、**その余談を別の記事として投稿し、リンクを張ればいいのです**。1つの記事には1つのテーマという原則を「過剰な余談」という土足で汚してはいけません。

■ Check!

☐ 自信がある内容をボカシ表現で書くのはもったいない
☐ 余談を入れるときには、意味のある余談を入れる

05 その文は「箇条書き」に 置き換えられないか?

複数のことを並列で伝えたいときに有効なのが「箇条書き」。使いこなしてわかりやすい文章にしよう。

並列して表現したいときは「箇条書き」

　わたしがブログ初期に書いた記事を読み返していると、次のような文をよく見かけます。

【例】ふつうの文

　子どもには食事前に、手を洗いましょう、うがいをしましょう、「いただきます」を言いましょうと言っています。

　この文自体はおかしいわけではありませんが、**複数のことを並列して表現したい場合は箇条書きが有効**です。

【改善例】箇条書きを使用

　子どもには食事前に、
- 手を洗いましょう
- うがいをしましょう
- 「いただきます」を言いましょう

と言っています。

並列する内容を箇条書きにするだけで見やすくなりましたよね。なぜかというと、**伝えたいことが文中に埋没しないため**です。

この例をさらに見やすくすると、次のようになります。

【 改善例 】箇条書きの前に説明文を

子どもには食事前に、こちらの3つを言っています。

- **手を洗いましょう**
- **うがいをしましょう**
- **「いただきます」を言いましょう**

先ほどの例との違いは、**箇条書きを文内にはさみ込んでいない**点です。箇条書きの前に「箇条書きについての説明文」を入れるのもポイントで、「今からこんな箇条書きを書きますよ！」という宣言がまずあると、**読者も「今から箇条書きがはじまるんだな」と理解したうえで読む**ことができます。

これはChapter 03-06で述べた**「ブログは上から下に一方通行で読まれる」**という考え方の活用と言えます。「上から下に読まれる」という時系列を常に意識して、読みやすさを考えるくせをつけましょう。

「箇条書き」の挿入方法

「箇条書きを使いましょう」というと、文字列の先頭に「・」をつけることと誤解されそうなので、正しい箇条書きの作り方を紹介します。WordPressの場合は、次の画像のように「リスト」という項目から箇条書きを作ることができます。

【WordPress】箇条書きの作り方

「リスト」で箇条書きにすると、HTML上では<ul>タグ、<li>タグという**箇条書きを表現するのに適した記述**になります。

文頭に「・」をつけて、見せかけだけ箇条書きにしている文だとGoogleには「・」がついているただの文だと認識されてしまいます。そこで「リスト」を使うと「ここは箇条書きです」ということがGoogleにも伝わるのです。

Googleが理解しやすいのは「構造的な記事」です。「箇条書き」も構造的であるため、Googleに文章を理解してもらいやすくなります。

読者にも伝わりやすく、Googleにも伝わりやすい箇条書きをうまく文章のなかで使っていきましょう。

Check!

☐ 並列したいときは箇条書きを活用する
☐ 文字列の先頭に「・」をつけるのではなく、「リスト」で箇条書きにする

06 「見出し＋見出しに続く文」を確認しよう

過去の記事をチェックするときに見てほしいのは、文章だけではない。「見出し」と「見出しに続く文」も重要なので、必ずチェックするようにしよう。

「見出し」に続けて文章を書くのはNG

多くの人がやってしまいがちなのが「見出し」で語った気になってしまい、下の文につなげてしまうというミスです。

> 【NG例】 見出しと本文がつながっている
>
> ■ オレはやせたいんだ！
>
> **なので毎日ジョギングをしている。**
>
> **しかし、ジョギングのあとに毎日「ぷはー！ やっぱりジョギング後のビールとおつまみは最高！」ではダメだ。**
>
> **つまり「ジョギングをする＝やせる」ではない。（後略）**

この書き方をよく見かけるのですが、見出しの「オレはやせたいんだ！」を受けて、突然「なので」とはじまっています。わたしは**「見出し」を読み飛ばすこともある**ため、上の例のようなはじまり方だと、「『なので』ってなに？」と一瞬混乱します。

この見出しの「オレはやせたいんだ！」という内容は、「本文」にも入れるべきです。

【 改善例① 】見出しの内容を本文にも入れる

■ **オレはやせたいんだ！**

オレはやせたいと思っているので、毎日ジョギングをしている。

しかし、ジョギングのあとに毎日「ぷはー！　やっぱりジョギング後のビールとおつまみは最高！」ではダメだ。

つまり「ジョギングをする＝やせる」ではない。（後略）

改善例①のように「オレはやせたいと思っている」を本文にも入れることで、**「突然、意味不明な文がはじまった感」**がなくなります。見出しはあくまで「見出し」であり、文章ではありません。

見出しは「続く文章」の要約に

実は先ほど訂正した「改善例①」には、まだ問題があります。それは、見出しが本当の意味での「見出し」になっていないからです。

Chapter 04-03でも述べましたが、「見出し」には、ほしい情報を探すときの「道しるべ」としての役割があります。そのため、**「この見出し以降にはこういう内容について書かれているよ」ということがわかる見出しが理想的です。**

では、次のページの例では先ほど訂正した「改善例①」をさらに直してみます。

【 改善例② 】 見出しをあとに続く文の要約に

■「ジョギングする＝やせる」ではない

オレはやせたいと思っているので、毎日ジョギングをしている。

しかし、ジョギングのあとに毎日「ぷはー！　やっぱりジョギング後のビールとおつまみは最高！」ではダメだ。

つまり「ジョギングをする＝やせる」ではない。（後略）

　この「改善例②」の場合、見出しを見るだけで、どういう内容が本文に書かれているのかが予測できます。**見出しは、あとに続く文章を代表する「キャッチフレーズ」というイメージ**とも言えます。「見出し」と「見出しに続く文章」がかみ合っていないと、店頭に飾っている食品サンプルと、実際に出てきた料理がぜんぜん違うレストランぐらいの違和感があります。

　では、なぜ見出しと内容に相違が生まれるのかというと、**「勢い」で見出しをつけているから**です。記事をチェックするときには、必ず「見出し」が不自然でないかどうかを確認しましょう。

見出しの次にはじまる「1行目」が大切

　見出しの次にはじまる1行目の文にも、最大限の注意を払いましょう。読みづらい記事の原因を探ってみると、「見出し直後の文」が雑であることが非常に多いのです。

　では、先ほどの「改善例②」をさらに改善してみましょう。

【改善例③】見出しの前／あとの文をつなぐ

■「ジョギングする＝やせる」ではない

「やせたい」という願望に向かって毎日ジョギングをしている
人が多いという話をしたが、大切なことを伝えておこう。

ジョギングのあとに毎日「ぷはー！　やっぱりジョギング後の
ビールとおつまみは最高！」ではダメだ。

つまり「ジョギングをする＝やせる」ではない。（後略）

「改善例③」のポイントは「見出しの前」と「見出しのあと」の文同
士を取り持つ**「つなぎ」になる導入文を入れている**ことです。自分の
記事を見返すとき、書く側にとっては記事全体の内容を知ったうえで
読むため、雑な文章だとしても理解できます。ところが、読者はすん
なりと頭に入ってきません。

　ブログは上から下へとスクロールしながら「時系列」で読みます。
読者がまだ読んでいない「記事内の先の情報」は読者の頭のなかには
ないということを理解し、**「見出しの前後の文がスムーズにつながる
ような文」**を、見出しの直後に入れましょう。
　ただし、見出しの直後に続く１行目については、執筆後しばらく経っ
てから見たほうが改善点に気づきやすいです。

【参考】入れ子構造の場合は「見出し」と「見出し」の間に文をはさむ

Chapter 06-05で紹介した「入れ子構造」で見出しを使う場合に、

気をつけたいのは、見出しと見出しが連続しないようにすることです。たとえば次の例をご覧ください。

左：見出しと見出しが連続する／右：見出しのあとに文がある

ヨス屋の詳細情報

ヨス屋へのアクセス方法
ヨス屋へのアクセス方法としてはバスがオススメです。(後略)

ヨス屋の詳細情報
ヨス屋の詳細情報をまとめました。

ヨス屋へのアクセス方法
ヨス屋へのアクセス方法としてはバスがオススメです。(後略)

　左側の例では「見出し2（ヨス屋の詳細情報）」のあとに「見出し3（ヨス屋へのアクセス方法）」が連続で配置されていますよね？　右の例では、「見出し2」の直後に1文を追加しています。

　見出しと本文はそれぞれ役割が違います。**見出しはあくまで「見出し」で、あとに続く本文の要約になっているものが見出し**です。見出しのあとには短くてもいいので文を入れましょう。

Check!

□　見出しは、あとに続く文章を代表する「キャッチフレーズ」
□　見出しの前後にある文がスムーズにつながる1文が大事

07 古い／間違った情報を訂正しよう

ブログを何年も続けていると、以前書いた記事の情報が「古い情報」や「間違った情報」になることがある。そういう情報がわかればどんどん訂正、修正していこう。

古い情報を訂正して新しい情報に生まれ変わらせる

　過去記事の量が多ければ多いだけ、古い情報が蓄積されていることになります。そうした情報も少し訂正するだけで、新しい情報に生まれ変わることになります。

　ここでは、わたしがよくやっている訂正例を紹介しましょう。

❶「客観的情報」を訂正する場合

　以前は正解だった情報が、今は古くなった……というケースがあります。たとえば、記事に書いたレストランが閉店になった、レストランの料金が変わったというような客観的な情報の変化です。

　こういう情報に気づいたら、すぐに直しましょう。**間違った情報をインターネット上に公表し続けるのはよくないからです。**

　わたしは**間違った情報を「見つけた時点で直す」**というスタンスでブログを運営しています。ありがたいことに、読者からメッセージで教えていただくことも多いです。

❷「主観的情報」を訂正する場合

　客観的情報だけでなく、「自分の気持ち」のような主観的情報が古くなる場合があります。こんな場合は、**あえて「打ち消し線」を入れて訂正をする**のをオススメします。

　たとえば、以前は「うどんが世界一美味しい」と言っていた人が「蕎

麦のほうが最高！」に気持ちが変化した場合などもそうです。**同じブログ内で矛盾する意見が存在するのは、信頼性が下がるためよくありません。**

　わたしの場合は「Aが最高　→　Bが最高」になったときには、「Aの記事」のなかにある情報を「打ち消し線」を入れて修正しています。たとえば次のような記述です。

【例】打ち消し線を入れて修正

~~断然、Aが最高です。~~
（2020年8月13日追記：現在はBが最高です）

　さらに、「Bが最高です」の文字をクリックすると「Bについて」の記事へリンクで行けるようにします。

　訂正したことを表明することで、以前読んだことのある読者が同じ記事を見たときに「あれ？　前はAが最高と書いていたはずでは？」という違和感を感じないようにしているのです。

記事の冒頭でリンクを掲載

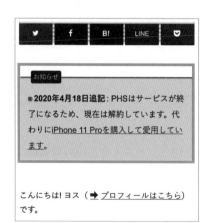

お知らせ

※2020年4月18日追記：PHSはサービスが終了になるため、現在は解約しています。代わりにiPhone 11 Proを購入して愛用しています。

こんにちは！ヨス（➡ プロフィールはこちら）です。

　内容によっては**記事の一番上にも「お知らせ」として入れるのが親切です。**記事を読んで「このAという商品はよさそう」とワクワクしてきた読者が、最後のほうを読むと「現在、この商品は廃盤になっているのでBがオススメです」と書いてあったらどうでしょう？「最初に教えろよ！」

と思うのがふつうでしょう。

【WordPress】「打ち消し線」を入れる

WordPressで「打ち消し線」を入れる方法についてです。

打ち消したい文字を選び、「▼」をクリックすると出てくるメニューから「取り消し線」を選択できます。

❸ リンク切れを修正

外部のサイトへリンクしている場合は、そのサイトの閉鎖や、記事の削除によってリンク切れになることがあります。**リンク切れになったリンクはすぐに消す**ようにしましょう。SEO的にもよくないですし、そもそも読者にとってもいい印象を与えません。

WordPressなら「Broken Link Checker」というプラグインを入れておくと、リンク切れをメールで教えてもらえます。

Broken Link Checker

https://ja.wordpress.org/plugins/broken-link-checker/

Check!

□ 古い記事も、今の情報に訂正すれば新しい記事になる
□ 間違った情報に気づいたらすぐに直す

08 過去記事に 内部リンクを追加する

「あの記事にリンクが張れる!」と思いながらリンクを挿入するのも、過去記事を読み返す楽しみになってくる。

過去記事を見ていると、リンクを張れる情報が出てくる

　わたしが過去記事をチェックしていて、一番楽しい瞬間が、「あの記事にリンクが張れる！」と気づいたときです。記事が増えてくると、**ブログを開始した当初では存在しなかった「リンクを張れる関連記事」も比例して増えていきます。**

　では、どのようなリンクを使えばいいのでしょうか？

❶ 文章中に「さりげないリンク」を入れる

　まず基本的には、Chapter 06-04で紹介した「テキストリンク」を、**過去記事の本文中にさりげなく入れることをオススメ**します。

　たとえば「メキシコ」についてたくさんの記事を書いているブログを運営しているなら、メキシコ料理の「タコス」の話題が記事のなかで出ることも多いでしょう。そこで、知らない人のために「タコスとは？」という記事にリンクを張ろうと考えるかもしれませんが、多くの人はタコスを知っています。

　つまり、知っている人にとって「目立つリンク」は邪魔に感じられるため、リンクは主張しすぎないほうがいいのです。**わかる人の邪魔にならず、わからない人はクリックでくわしく知れる**のがリンクテキストの素晴らしい点だと言えます。

❷ 目立つリンクを入れる

　画像も使って、目立つようにリンクを入れる場合もありますが、そ

れはどんなときでしょうか？

リンクを目立たせるときの２つの指標

❶ 読者が今読んでいる記事を放棄（読むのをやめる）してでも、リンク先に行ったほうが読者に有益な場合

❷ とにかくリンク先に行ってほしい場合（運営側の視点）

たとえば「2019年のイベント」についての記事は、2020年になると古い情報になります。そこで、「2019年のイベントについて」の記事の**冒頭**に**「2020年のイベントについてはこちら」のように目立つ形でリンクを入れれば読者にとって有益**なはずです。

過去のイベントから最新イベントの情報に目立つリンクを

▶こたろぐ
(https://www.ikumen-kotanosuke.com/)

ほとんどの人は過去のイベントの情報ではなく「最新」のイベントの情報を手に入れたいはず。たまたま古いイベント情報の記事にたどりついた人を、**最新イベント情報の記事に誘導**しましょう。ちなみに、この画像にあるような「画像付きの目立つリンク」を「関連リンク」や「ブログカード」と呼びます。

また、「連載記事」のようにシリーズになっている場合は、**記事の一番下に次のような目立つリンクを入れましょう。**

>> 次の記事「色の塗り方」はこちら

シリーズ記事は、一方通行で「順番通り」に読んでいったほうが読

者にとって親切だからです。さらに、シリーズ記事のカテゴリーページには、読みたい記事を選べるように箇条書きのリンクで「索引」を作っておくと便利でしょう。

また、**運営者側の視点として「とにかくリンク先に行ってほしい場合」もリンクを目立たせます。**

たとえば、「アフィリエイト（Chapter 08 で解説）」として商品を買ってほしいとき、リンクを目立たないように設置したのではクリックしてもらえません。そのため、目立つような**「ボタン」デザインのリンクを入れる**のもオススメです。

「ボタン」デザインのリンク

この画像のような「ボタン」デザインのリンクは、最近の WordPress のテーマでは最初から使えるように用意されています。

上の画像のようにボタンの上下にちょっとしたキャッチコピーを入れておくとクリック率が高まります。

リンク先を単語登録する

過去に書いた記事をチェックしながらリンクを挿入するのは、けっこう骨の折れる作業です。そこで**URLを単語登録する方法**もオススメです。わたしの場合、「；（セミコロン）」を活用して次のように登録しています。

読み	単語
おといあわせ	お問い合わせ
おといあわせ；	https://yossense.com/contact/

　ポイントは、「おといあわせ」で変換したときはふつうの変換になり、「；」のついた「おといあわせ；」で変換すると「お問い合わせページ」のURLに変換されることです。

　単語登録については、手前味噌ですが自著『効率化オタクが実践する　光速パソコン仕事術』（KADOKAWA）にもくわしく書いているので、参考にしてみてください。

☐ 記事によって「目立つリンク」「目立たないリンク」を使う
☐ よく使うリンクは単語登録をしておくと便利

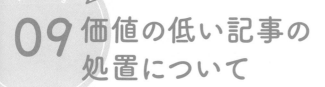

09 価値の低い記事の 処置について

数行の日記を書き連ねているようなブログはGoogleから低評価を受けてしまい、検索上位に上がってくることはない。では、そうならないための方法とは?

質の低い記事を放置すると……

ブログを何年も続けていると、数年前に書いた記事が次のように「どうしようもない記事」の場合があります。

> **【NG例】 40文字ほどの日記記事**
>
> **今日は朝に早起きしたので、散歩してきました。**
> **寒かったよ。今日も1日がんばろう!**

日記レベルでオリジナリティがないうえに、40文字ほどしかありません。このような「低品質な記事」は「検索で上位に来ないので存在していないのと同じ」と思われそうですが、そんなことはありません。ちゃんと影響があります!……とは言っても**悪いほうの影響**なのですが。

この例のような記事は「質の低い記事」だとGoogleが評価します。そして、ここがポイントで、こうした**低品質な記事がブログ内に多くあると、Googleはブログ全体を「質の低いブログ」と認定してしまう**のです。一度認定されてしまうと、もし仮に2、3本の素晴らしい記事があっても、その記事が検索結果の上位に来なくなってしまいま

す。「低品質な記事が多いブログ＝低品質なブログ」と判断されるからです。

「低品質な記事」と言っても、単純に**「＝アクセスが少ない記事」という意味ではありません。**

　たとえば、「ショートケーキに鰹節をまぶすと美味しい！」という記事を書いたとします（冗談なので本当にやらないでくださいね）。想いを込めて品質のいい記事を書いたとしても、検索されることがないため、きっと読まれることもないでしょう。なぜなら「鰹節　ケーキ」で検索する人がいないからです。

　でも、ほかにそんな記事を書く人がいないため、その記事には情報としての価値はあるかもしれません。この記事にアクセスがないとしたら、品質が悪いのではなく「需要がない」ということです。

質の低い記事への対処法

　ここでは、低品質な記事をブログに書いてしまっている場合の対処方法をまとめておきます。

❶ 書き直す

　まずオススメするのは、低品質な記事を完全に書き直すことです。次の2つをポイントに書き直しましょう。

低品質な記事で考え直すこと

- 記事にたどりつく人がどんなキーワードで検索するのか？
- たどりついた人にどんな情報を提供すれば満足されるのか？

　本書でしつこく言い続けている「検索意図」を考えて書くということです。この場合、書き直したあとに「投稿日時」を新しくし、SNSでもう一度お知らせすることでアクセス数のアップも見込めるかもしれません。

❷ 記事を合体・分割

　過去に書いた**複数の記事を足して1つの記事にする方法**もあります。もちろん、テーマがうまく融合できるものにかぎり、関連のない複数の記事を合体するのはやめましょう。

　逆に、過去に書いた記事が無駄に長く、1記事にテーマが複数存在する場合は記事を分割しましょう。

❸ 「noindex」にする

「noindex（ノーインデックス）」の設定をすれば、**Google がその記事を無視して検索結果に反映されなくなります。**

　つまり、記事としては存在するけれど評価としては「なかったこと」にしてくれるわけです。

　WordPress なら、プラグイン「Yoast SEO」を使うことで簡単に指定できます（くわしい手順は、ダウンロード特典のPDFをご覧ください）。

❹ 低品質な記事を削除する

　いっそのこと、低品質な記事を削除する方法もあります。これは最後の奥の手です。先ほど紹介したような「SNSで書くレベルの記事」を投稿している場合は削除が手っとり早いでしょう。

❺ 新しいブログを開設する

　もはやすべての記事の質が低すぎて、手のつけようがない場合もあるかもしれません。たとえば、2〜3行の日記記事を毎日5年間書き続けてきたブログは、天地がひっくり返っても検索順位で上位に来ることはありません。この場合はどうしようもないので、新しいブログを開設しましょう。

日記記事に「noindex」で対処するブッキーさんの例

　Googleから見た「質」を気にするのなら、「日記記事」は書かないほうがいいのかもしれませんが、**ファンが増えてくれば日記記事にも**

価値が出てきます。

　たとえば、ベトナム人女性と結婚したブロガーのブッキーさんの日記は、独特の面白さがあります。

Fu/真面目に生きる（ふまじめにいきる）

▶ (https://anahideo.com/)

　ただし、Googleがこの記事を「良質な記事」という評価をすることは考えられないでしょう。**つまり、ファンたちには読んでもらいたいけれど、Googleには見られたくない。** ブッキーさんは精力的に日記記事を書いていますが、日記記事には先述した「noindex」を指定しています。

　そのため、ブログ自体の評価を下げることなく、ファンにも楽しい日常を読んでもらえているのです。

　また、検索結果などを意識せず、純粋に日記を楽しみたい場合、「note」を使うのもオススメです。

note　https://note.com/

Check!

- ☐ 低品質な記事ばかりだと「質の低いブログ」と認定される
- ☐ 「noindex」でGoogleに見られないようにできる

Google を擬人化してみた

Googleを「佐暑具回（さあちぐぐる＝サーチ・ググる）」君というキャラクターとして擬人化してみました。

このマンガの通り、Googleには人間なら簡単に伝わるような「相対的な表現」が通じないことが多いです。そのため、「それ」のような表現ではなく具体的に「イス」のような言葉を使ってあげましょう。

「なんだ、めんどくさいなぁ」……と思われるかもしれませんが、Googleも大切な読者の1人であり、しかも検索順位を決めているVIPの読者です！

Googleは「察することが苦手で構造化マニアな読者」です。ちなみにわたしも「察する」ことが苦手なので、実はGoogleに共感している部分もあります（笑）。

Googleに伝わりにくいものは、読者（人間）にも伝わりにくいことがあります。わたしのように行間を読んだり、察するのが苦手な読者のためにも、ぜひ伝わりやすい文章を心がけてくださいね。

ブログで稼ぐには
どんな方法があるの?

「ブログで稼ぐ」という言葉を、
多くの人は「ブログだけで稼ぐこと」だと
認識しています。でも、それは数ある
「ブログで稼ぐ方法」の1つにすぎません。
このChapterではブログで収益を得る
方法について、具体的に紹介します。

01 ブログから直接稼ぐ方法①
クリック課金型広告

「ブログから直接稼ぐ方法」で代表的なものに、Google AdSenseがある。手軽にはじめることができるため、ぜひ取り入れてみよう。

ブログが火つけ役となり、有名になることも不可能ではない

わたしが「ブログで生活している」と友達に話しても、たいていの場合は理解してもらえません。もちろん、**ほとんどの人は「ブログ＝日記」だという認識**なので、不思議に思うことでしょう。

本書をここまで読んでくださっていれば、リアルにそんなことができるのは一部の人と有名人だけだということがよく理解できているはずです。

そして、「ブログで稼ぐ」という言葉を、多くの人は「ブログだけで稼ぐこと」だと認識しています。でも、それは**数ある「ブログで稼ぐ方法」の1つにすぎません。**

手前味噌になりますが、わたしは本書で2冊目の書籍を出版したことになりました。四国に住む一般人のわたしが本を書くことができたのは、ブログで発信をし続けたことだけが理由です。結果的に、**ブログで「ブランディング」をすることができた**のです。

わたしだけではありません。スタートがブログで、今では文章を書くのを仕事にされている人もたくさんいらっしゃいます。勝間和代さん、ちきりんさんなどは有名でしょう。つまり、ブログが火つけ役となり、有名になることも不可能ではないのです。

手軽にはじめられる「Google AdSense」

このChapterではブログで収益を得る方法について3つ紹介していきますが、まずは「ブログから直接稼ぐ方法」から紹介します。

ブログをはじめたばかりの人にとって、収益化でもっとも取り組みやすいものがGoogleの提供する広告サービス「Google AdSense（グーグル・アドセンス）」でしょう（以降では「アドセンス」と表記）。

Google AdSense
https://www.google.com/intl/ja_jp/adsense/start/

WEBサイトやブログで見かける広告に、右上に「 i 」と「×」のマークがあるものにお気づきでしょうか？

Google AdSenseの表示例

これがアドセンスの広告です。アドセンスは、**クリックされるだけで報酬になるという特徴があります。**「クリックだけでお金になるなんて、簡単そうだ！」と思いそうですが、ブログへのアクセスがないとまったくクリックされません。

月に3万〜4万ページビューで1万円ほどの収益と言われ、気が遠くなりそうですね。

それでも「アドセンスがオススメ」と言われるのは、手軽にはじめられるからです。ブログのなかに一度コードを挿入すると、**Googleがその記事に合った広告を自動で表示してくれるため、基本的には手**

放しで**OK**なのです。

　たとえば自転車について書いた記事があれば、自転車の広告が自動的に出る……というイメージです。

ジャンルによって収益が違う

　アドセンスの報酬のカラクリは、広告主たちのオークション金額です。たとえば、**「水筒」の記事を書いても、「水筒を売りたい」と思っている広告主がいなければ、マッチした広告が出ません。**なんとか1社だけ希望する企業が現れたとしても、価格は低いはずです。もしかすると、1クリックされても1円の収益ということもあるかもしれません。

　逆に、企業間での競争が激しいジャンル（不動産・脱毛・クレジットカードなど）だと、1クリックされたときにもらえる料金が上がります。たくさんの企業同士が、「自社の広告を表示させたい！」と思っていて、表示してもらうにはオークション形式でたくさんのお金をGoogleに支払う必要があるからです。その結果、1クリックされるだけで1000円以上という広告も存在します。

　だからといって、**そういうジャンルの記事を書いても、競争が激しい**ため、なかなか検索上位に来ません。そもそも、先述したYMYLの影響もあり、個人ブログでこういったキーワードで上位に来ることは極めて厳しい状況になってきました。

アドセンスで注意すること

　アドセンスに申請を出してもGoogleに承認されないことがあります。たとえば、内容が薄っぺらいブログなどが代表例です。また、ブログに次のような記事があると承認されません。

こういう記事があると申請が通らない

- 個人への誹謗中傷
- アダルト系
- 不正行為・ハッキングなどの内容について

　また、自分で自分のブログに入れたアドセンス広告をクリックするのも絶対に禁止です。広告の停止どころか、アカウントの停止になることもあります。

望まない広告が表示されることも

　最後にアドセンスの残念な特徴についても説明しましょう。それは「広告主を指定しなくてもいい」という手軽さの反面、**望まない広告も表示される可能性がある**ことです。

　よく見かけるのが肌の露出の高い広告や、成人向けのマンガの広告ですが、読者にも嫌な気持ちを与えることを考えると、出ないようにしたいですよね。

　これは自分で指定して出ないようにできるので、もしあなたのブログの印象を悪くするような広告が表示される場合は、設定で表示されないようにしましょう。これはブログ運営者の「たしなみ」だと思っています（くわしいやり方はダウンロード特典のPDFをご覧ください）。

Check!

☐ アドセンス広告はクリックされるだけで収益になる
☐ クリック単価が高いジャンルは激戦区になる

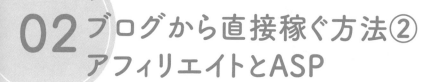

02 ブログから直接稼ぐ方法② アフィリエイトとASP

「ブログで稼ぐ＝アフィリエイト」という認識も当たり前になってきている。しっかりとした仕組みを知ってから取り組もう。

アフィリエイトの仕組みについて

「ブログで稼ごう」という話になると、必ず耳にするのが「アフィリエイト」と呼ばれる仕組みです。アフィリエイトの仕組みとして、次の図をご覧ください。

アフィリエイトの仕組み

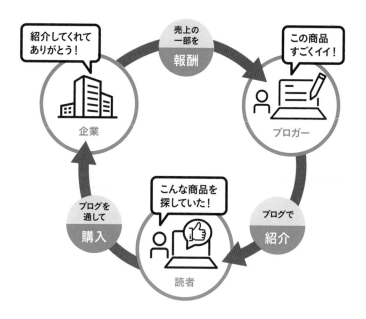

たとえば、あなたがお気に入りの商品をブログで紹介したとします。「その商品についての情報を求めている人」があなたのブログの記事を読み、ほしくなることもあるでしょう。そして、その人が「記事に入れた商品へのリンク」をたどり、あなたの紹介している商品を購入したとします。そのときに**「購入された商品を扱っている企業」**から**紹介料をいただく仕組みがあるのです。この「収益を得られる仕組み」をアフィリエイト**と呼びます。

　ネットではなく、リアル（オフライン）でのこうした紹介料ビジネスは「代理店」と呼ばれ、同じような仕組みです。

　初心者にとっつきやすいオススメのアフィリエイトは次の２つです。

初心者にオススメのアフィリエイトプログラム
- Amazon アソシエイト（ https://affiliate.amazon.co.jp/ ）
- 楽天アフィリエイト（ https://affiliate.rakuten.co.jp/ ）

　どちらも大手ショッピングモールサイトなので、知っている人がほとんどでしょう。莫大な商品数なので、**自分が持っている物ならほぼなんでもアフィリエイトとして紹介できる**ことがメリットです。

企業と個人をつなぐ「ASP」

　アフィリエイトは、自分で１社１社の企業と提携していくのは大変です。企業とのやりとりに手間がかかりますし、大手企業なら相手にされないことも多いでしょう。

　そこで登場したのがASP（エー・エス・ピー）と呼ばれる会社です。これは、「アフィリエイト・サービス・プロバイダ」の略で、**企業と個人の仲介役となって、報酬のやりとりを簡略化してくれる会社**のことを指します。

　ASPには、企業からたくさんの「案件」の登録があります。たとえ

ばチョコレートやフライパンのような「モノ」から、転職のあっせんや結婚式のような**「モノではないサービス」**まであるため、「こんなものまで？」と驚くかもしれません。

そして、「アフィリエイト」という言葉は、多くの場合「成果報酬型広告」と同義です。「クリック課金型広告」は、広告をクリックされるだけで報酬をもらえますが、「成果報酬型広告」の場合は**あなたのブログ記事を通して誰かが商品を購入してはじめて報酬が入ります**。逆に言うと、売れないと報酬ももらえないということです。

全員がハッピーになれる健全な仕組み

このアフィリエイトに対して「お金目当てでうさんくさい商品を売っている」といったネガティブなイメージを持つ人がいます。これはまったくの誤解で、**アフィリエイトはユーザー（読者）、企業、ブログ運営者の三者が幸せになれる健全な仕組み**です。

アフィリエイトは三者が幸せになれる健全な仕組み
- ❶ ユーザー（読者）…… いいものを効率よく教えてもらい購入できてハッピー
- ❷ 企業 ……………… 商品が売れてハッピー
- ❸ ブログ運営者 ……… 書いた記事で読者に感謝され、そのうえ企業から紹介料をいただけてハッピー

ASPがどういうものかが伝わったところで、初心者にオススメのASPを紹介します。

初心者にオススメのASP
- A8.net（ https://www.a8.net/ ）
- バリューコマース（ https://www.valuecommerce.ne.jp/ ）

この2つのASPは登録案件が多いことがポイントです。実はASPによって力を入れているジャンルが異なるので、いろいろとチェックするのをオススメします。ほかにもこんなASPがあります。

さまざまなASP

- もしもアフィリエイト（ https://af.moshimo.com/ ）
- afb-アフィb（ https://www.afi-b.com/ ）
- アクセストレード（ https://www.accesstrade.ne.jp/ ）
- seedApp（ https://seedapp.jp/ ）

どのASPと相性がいいかは、自分のブログのジャンルによります。自分の売りたい商材を売っているほかのブログを参考にするのもオススメです。

Check!

- ☐ ブログから誰かが商品を購入してはじめて報酬が入る
- ☐ ASPを使ってさまざまなアフィリエイトを試してみよう

03 ブログから直接稼ぐ方法③ ブログに影響力がつくと 「純広告」の依頼も

あなたのブログの認知度が増してくると、企業から依頼されて広告塔になることもできる。その仕組みを知っておこう。

アクセス数のあるサイトにしか依頼はこない

　ブログが成長してアクセス数が集まるようになると「純広告」の依頼が来ることがあります。これはアフィリエイトとは違い、**「月に10万円」のような契約で企業などの広告の掲載をすること**です。

「広告を貼ること」が条件になるため、契約できればなにもしなくてもお金がもらえますが、そんなに甘い話ではありません。

　たとえば、歩いているときに目に入る看板をはじめ、電車の中吊り広告、雑誌や新聞の広告欄、テレビのコマーシャルなどは、人がより集まる（＝よく見られる）場所に広告を設置するほど、広告費は高くなる傾向があります。

　多くの人の目に触れられると、より多くの人にその企業のことを知ってもらえるため、**人が集まる場所には「価値」がある**のです。つまり、**「アクセス数のあるブログ・サイト」でないかぎり、そもそも純広告の依頼が来ない**わけです。

なにかに特化したブログにはお声がかかりやすい

「純広告」の話は、主に企業側から「お問い合わせ」のような形で連

絡が来ることが多く、**特化型ブログにお声がかかりやすい**という特徴があります。たとえば「バスケットボール」のことについて書いているブログのように、テーマがしぼられたブログのことですね。

　なぜなら、特化型ブログはターゲットがしぼり込みやすいからです。20代の女性ばかりが集まるブログなら、**20代の女性が好みそうな広告を貼れば効果的**でしょう。

「アクセス数は多いけれど読者層が特定できないブログ」よりも、「**アクセス数は少ないけれど偏った属性の人が集まるブログ**」のほうが純広告を入れる価値は高いと言えます。

「広告のお問い合わせ」ページを用意しよう

　純広告の依頼が来るためには、ぜひ「広告のお問い合わせページ」を用意しておきましょう。

ページ上で広告の料金を提示する例

今後の広告料の値上げについて

今後、月間PVが10,000増加するごとに**広告料は値上げ**していく予定です。

協賛をいただいた後にアクセスが増加した場合でも、契約を頂いた時の広告料で運営をさせていただきます。

❗ たとえば1ヶ月5,000円の契約で広告掲載をスタート。

その後PVが増加し、広告費が1ヶ月10,000円となった場合でも契約時の5,000円のままで継続掲載いたします。

早期に応援いただいた方にお得になるようにいたします。

▶ 布教使 .com
（ https://fukyo-shi.com/ ）

　月にどのくらいの人が訪問し、どんな属性の人がよく訪れているのかをくわしく書いておくと、企業側も連絡が取りやすくなります。

　可能であれば、**「広告を掲載できる位置」**や**「広告の希望単価」**も提示しておくと、広告主側にとってもイメージがしやすく、さらに連絡を取りやすく思われるでしょう。

　純広告の料金は具体的に「このくらい」という相場はありません。お互いが納得できる金額を交渉して決

めるといいでしょう。継続割引や記事単体での広告を提案するのも手ですね。

　純広告は、固定で毎月報酬をいただけますが、クリック回数が少ないなど**企業側にとってメリットが少ないと判断された場合はすぐに取りやめになります。**あくまで企業側のメリットになることが前提なので、両者が Win-Win の関係になるようにしたいですね。

Googleに「これは広告である」と伝える

　ブログに純広告を貼るときは、Google に「このリンクは広告として入れています」と伝わるようにしましょう。具体的には、純広告バナーに張ったリンクのコードに「rel="sponsored"」を挿入し、あなたのブログからその企業への「リンクの評価」を流さないようにします（例：<a href=" 企業の URL" rel="sponsored">）。

　その企業に対してリンクを張るということは、その企業のサイトがあなたのブログからリンクをもらい「評価を受ける」ということになりますが、**Google は「リンクの売買」を禁止しています。**お金のやりとりがあるリンクは違反なので、企業と契約する前に「コードを入れること」を必ず確認しましょう。

■ Check!

□　特化型ブログに依頼が来やすい
□　「広告のお問い合わせページ」を用意しよう

04 「書く」ことで稼ぐ方法①
依頼をされて記事を書く

ブログの認知度が高くなってくることで「記事広告」の依頼が来ることも。ステマを防ぐために気をつけるべきポイントとは?

企業から依頼されて書く「記事広告」とは?

ブログに広告を貼って収益を得る以外に、「記事を書くこと」の対価として収益を得る方法があります。その1つが、企業から依頼を受けて記事を書く「記事広告」です。

記事広告は多くの場合、「この商品をブログで紹介してくれませんか?」という企業からの問い合わせからはじまります。そして、**企業からサンプルが提供され、それを実際に使ってみた感想を「自分のブログ」に書きます**。つまり、自分のブログに書いた記事自体が「広告」になることから「記事広告」と呼ばれています。

報酬としては、この記事を書いたら1万円……というように、1つの記事単位でいただくことがほとんどでしょう。その人の知名度や影響力で報酬は変わりますが、**商品提供だけで無報酬の依頼も多い**です。

「ステマ」にならないように気をつける

企業から報酬をもらって記事を書く場合は、それが「依頼を受けて書いた」ということが読者にわかるように表記しましょう。**商品を自分で買って好き勝手に感想を書くことと、企業からお金をもらって記事を書くことはまったく違う**からです。

広告としての記事なのに関係性を明示しない場合、「ステマ（ステルス・マーケティング：Stealth Marketing）」に該当します。依頼する側の企業と、ブログを運営する側が「共謀」し、広告や宣伝と気づかれないように宣伝することは「ステマ」と呼ばれます。

ステマの問題点としては、**報酬をもらって執筆した記事を、「心からすすめているんだな」と読者が勘違いする**ことです。2020年9月時点で、直接的に法律や業界団体のペナルティとなることはありませんが、次のようなリスクがあります。

ステマをすることで発生するリスク
- 消費者をだますことによるブログ／企業双方の信用失墜
- 「隠している」ことがバレてSNSで炎上
- 景品表示法に違反すれば民事や行政上で罰則の可能性も

読者に誤解を与えることは発信者として避けるべきなので、**誤解を与えない工夫**が必要です。

「PR表記」と「AD表記」について

では、どうやって「企業から依頼されて書いた記事である」と伝えればいいのでしょうか？　WOMマーケティング協議会の定める**「WOMJガイドライン**（2017年12月4日リリース：https://www.womj.jp/85019.html ）」に記載されている表記が参考になります。

記事広告に求められる表記の例
- ブログの**タイトル**に**「PR」という文言**を入れる
- **記事冒頭**に関係性を示す文を入れる

まず、記事タイトルの先頭に「PR」を入れ、「[PR] ○○は最高品質の水筒だ！」のように表記しましょう。

たとえ、商品サンプルを無料でいただいていたとしても（＝無報酬）、

記事の冒頭に「商品サンプルをいただきました」のように、企業との関係性を示す文は必ず入れる必要があります。

　この表記に関するルールはまだ定まってはいませんが、ブログにおけるステマ問題にくわしい奥野大児さんは、「PR（ピーアール）」と「AD（広告）」の表記を区別しています。

【AD】【PR】表記について

https://www.odaiji.com/blog/?page_id=13124

　たとえばあなたが「この商品のここがダメ」と書いた原稿に対し、企業側が「ここは削除してください」と言ったとします。この時点で、ただのPR記事を逸脱していますよね？

　このケースでは、完全に「広告」に該当するので、**タイトルに「AD（Advertisement：広告・宣伝）」という表記をつけて区別する**というわけです。通常の「PR記事」は執筆者が自由に書けますが、「AD記事」は企業側から「記事のチェック・訂正がある」という大きな違いがあります。

Check!

☐ ステマは消費者をだます行為なので要注意

☐ 記事広告には、それとわかるような表記を入れる

05 「書く」ことで稼ぐ方法②
WEBライターという仕事

10年くらい前は「ライター」は、一般的には敷居が高い仕事だった。クラウドソーシングの恩恵をいかして、「WEBライター」としてのスキルをあげてみよう。

WEBライターの登竜門「クラウドソーシング」

最近では、「WEBライター」という仕事も認知されるようになってきました。仕事内容は「WEB（インターネット）」上でのライターさんのことで、依頼された記事を**自分のブログではなく「ほかのWEBメディア」に書く**というものです。

WEBライターの仕事は、記事1つに対して報酬がもらえるものが多いです。報酬金額はその人によりけりで、常識的なメディアなら、1記事に対して数千〜数万円の報酬になるでしょう。ライティングのスキルが上がれば報酬も上がりますが、交渉は必要になります。

でも、どうすればWEBライターになれるのでしょうか？　今は「クラウドソーシング」という仕組みがあるので、昔と違って仕事を見つけやすくなっています。

クラウドソーシングとは、「ネット上で完結する内職」のようなもので、WEBサイトに登録し、募集されている仕事に応募することで仕事を得られます。たとえば、次の2つのサイトが有名です。

クラウドソーシングの代表的なサイト
- ランサーズ（ https://www.lancers.jp/ ）
- クラウドワークス（ https://crowdworks.jp/ ）

クラウドソーシングは、実力勝負の世界です。ライティングの経験がない人は、1つの記事につき数百円という値段からのスタートかもしれません。ただし、経験を積むための場としても有益です。

　依頼を受けて執筆した記事に対して「訂正の依頼」を受けることもありますが、その**「フィードバック」がもらえることに価値があります**。依頼主は「こうすればいい文章になる」ことを熟知している場合が多いので、視点を変えると「お金をもらいながら学べるシステム」なのです（たとえ少額だとしても）。

WEBライターならではの特徴

　自分のブログを運営するとなると、アクセスを分析したり、デザインを触ったりといったメンテナンスもします。ところが、WEBライターとして、企業の運営するメディアなどに書く場合は「書くこと」に集中できます。

　ただし、自分のブログに書くのとは違い、「こういう記事を書いてほしい」という依頼ありきです。**メディアごとの書き方やルールなどもあるため、好き勝手に書けるわけではありません**。もし、自分が得意なジャンルがYMYLに該当する場合は、自分のブログではアクセス数を増やすことができませんが、大手メディアでWEBライターをすることで収益化が図れます。

　なお、WEBライターに関するノウハウは、書籍『頑張ってるのに稼げない現役Webライターが毎月20万円以上稼げるようになるための強化書』（秀和システム）が参考になるのでオススメです。

大手メディアの編集長に抜擢されたヤギシタシュウヘイさん

　ブログで発信を続けてステップアップした成功モデルとして、大手メディアの編集長としても活躍されているヤギシタシュウヘイさんを紹介します。

　ヤギシタさんは大好きな映画についての記事を「映画と暮らしのブ

ログ（ https://www.cinemawith-alc.com/ ）」で更新しています。熱の
こもった記事により、みるみるうちに人気の映画ブログになりました。
その名前が知られるようになり、松竹の映画メディア「シネマズ by
松竹（ https://cinema.ne.jp/ ）」の編集長として抜擢されました。

cinemas PLUS

▶ （ https://www.cinema.ne.jp/ ）

　現在では「cinemas PLUS」とい
うメディア名になりましたが、5
年以上の間、編集長としても活躍
しています。ちなみにヤギシタさ
んは、ブログ、メディア編集長の
ほかにも YouTube を使った発信も
精力的に行なっています（もちろ
んテーマは映画について）。

　ヤギシタさんの例からも、**なに
かに特化して書くことは「専門家」
として認められやすい**と言えるで
しょう。

Check!

☐ クラウドソーシングに登録してスキルを上げていこう
☐ ブログでの発信を続ければ、より依頼が増えていく

06 「その道の専門家」として、ブログを超えたビジネスに

有益な情報を発信し続けることで、あなたのブログの信頼度はどんどん増していく。そうなると、ブログを拠点にさまざまな活動の輪が広がっていくことになる。

自分のブログで自分の宣伝ができる？

「ブログで稼ぐ」と言えば、先述した「広告の設置」がメジャーな方法ですが、**これはある意味では「もったいない稼ぎ方」と言えるのかもしれません。**なぜなら、読者に広告をクリックしてもらい「ブログの外に離脱させること」が目的になってしまうからです。主人公はあなた (or あなたのブログ) のはずなのに、なんだか広告に主人公を取って代わられたように感じませんか？

もし「自分が主役の商品」がある人なら、**ブログを使って「自分の宣伝」をすることができる**のです。たとえば、本職でデザイナーをしている人なら、ブログに設置した「仕事の依頼フォーム」から連絡をもらえる可能性があります。美味しいマンゴーを生産しているなら、ブログからマンゴーを買ってもらうこともできるでしょう。

今は自分の商品がない人も、「将来的にはブログで自分の商品を売る」ということを考えながらブログを運営するのもオススメです。

「○○と言えばこの人！」だと読者に認識される

ただし、日記を書いていてもダメなことは今まで話してきた通りです。ブログに書く内容が重要で、「検索意図」を考えてあなたの専門領域に関する「有益な情報」を発信し続けてこそ仕事の依頼につながります。

なぜ、有益な情報を発信していると仕事が舞い込んでくるのでしょうか？　それは**信頼できる「専門家」として認知される**からです。ネットの向こう側にいる人はあなたがどんなに有能でもそのことを知りません。判断できる材料はただ1つ、「記事の内容」だけなのです。

たとえば、Googleで検索していて、何度も同じブログにたどりついて「この人はすごい人なんだな」と思ったことはありませんか？　実際に仕事を依頼していないのに「この人にお願いすれば大丈夫！」と感じたことはありませんか？

これが「**ブランディング**」です。「自分はこういう人だ」ということをブログで発信し続けることで、**「○○と言えばこの人！」だと読者に認識される**わけです。

「マイクロインフルエンサー」になる

最近では「マイクロインフルエンサー」という言葉も耳にするようになりました。この言葉は、**特定の分野で強い影響力を持つ人**を指します。

たとえば、あなたが地元のことを発信し続けていたとして、その地元のことについて検索すると、常にあなたのブログにたどりつくとしましょう。そうなると、地元の人にとっては「あなた＝○○町にくわしい人」というふうに、**小さな範囲とはいえ有名人になります**よね。そして、あなたが誰かに初対面で会っても「え？　あのブログを書いている人ですか？」と言われるようになります。

そんな人が、地域の商工会に行ってみるとどうでしょうか。地元のメディアとして知名度が高いのなら、地元のお店の「純広告」の話がもらえるかもしれません。さらには「地元でこんなお祭りを企画しているんだけれど」と**ブログを超えた話に誘ってもらえるかもしれません**。

ブログでブランディングができ、マイクロインフルエンサーになると、ブログからどんどん可能性が広がることでしょう。

「人と会うこと」が秘訣！　ものくろ さんのブランディング例

ブランディングの例として、ブログで発信しながら全国でイベントや講座を開催する、ものくろ（大東信仁）さんを紹介します。

ものくろぼっくす

▶（ https://mono96.jp/ ）

現在は「WordPressでブログをはじめる人をサポートする専門家」……というブランディングに成功しているブロガーのものくろさん。会社員のころからWordPressを使っていたこともあり、ブログをはじめる前から、WordPressに関する専門的な知識が豊富でした。ものくろさん**の成功の秘訣は意外にも「人に会うこと」**だと言います。

実際に出会った人がものくろさんのブログを見て、「この人は信頼できる」と確信して相談をする。さらにその人の知り合いに口コミで伝わり、またブログを見て相談をする……という相乗効果が今の仕事の原点だそうです。現在はコミュニティ「ものくろキャンプ」を主催し、ブログのサポートを講座形式で全国で開催しています。

ものくろさんは、ブログをはじめた当初、精力的に**ブログで発信をしながら、日本中を駆け巡っていました。**

とは言っても、それは観光旅行としてではなく、「いろいろなブロガーに会うこと」が目的でした。2013年には、ブログをはじめたばかりのわたしにも会いに香川県にまで来てくれました。それ以来ずっと仲良くさせていただいています。あのとき会いに来てくれていたか

らこそ、このつながりがある……と思うと、「実際に会うこと」の大切さを感じずにはいられません。

　ものくろさんの成功例からもよくわかるのですが、**ブログの向こうで記事を読んでいるのは人間だ**ということです。
　ブログの発信をしていると、ついついアクセス数を伸ばすことばかりを追いかけてしまいがちですが、**「1対1」の関係性をたくさん築けるのがブログ**なのです。
　発信することも大切ですが、実際に会うことで関係性が深まります。今ならZoomやSkypeなどを使った「オンラインの集まり」もあるので、地方にいても積極的に人と出会う環境が整っています。ぜひ、人とつながることも意識してブログ運営していきましょう。

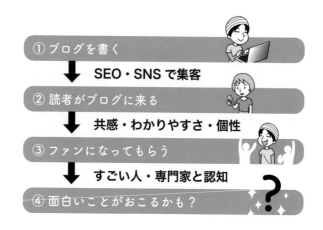

| ① ブログを書く |
| SEO・SNS で集客 |
| ② 読者がブログに来る |
| 共感・わかりやすさ・個性 |
| ③ ファンになってもらう |
| すごい人・専門家と認知 |
| ④ 面白いことがおこるかも？ |

Check!

☐ 発信を続けることで、「専門家」として認知されることも
☐ 人と会うことでどんどんつながりが広がっていく

これってNG？
「初心者失敗あるある」

わたしはこれまでに700名以上の人たちの
ブログを見てきましたが、ブログをはじめた
初心者がよくやってしまう
「共通のNG」があることがわかりました。
このChapterでは、ブログを書いている人が
やりがちな「初心者失敗あるある」を
紹介します。

01 別のサイトの画像を無断で 使い「出典元」にするのはNG

ブログで写真画像を使いたい。しかし、その画像を誰かのブログから勝手に拝借しているとしたら……。

画像の無許可での使用は訴えられれば必ず負ける

　ブログ記事のなかに魅力的な画像（写真）があると、一気に記事のクオリティが上がります。でも、そんなにきれいな写真を毎回撮るなんてなかなかできませんよね。

　そのため、ブログを書いている人のなかには、他人のブログから画像を「借りてくる」人がいます。「借りる」という表現をあえて使いましたが、**正しくは借りているのではなく盗んでいる**のです。

「出典」と明記すればいいわけではない

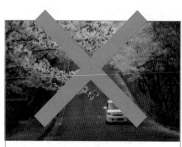

出典：<u>ヨッセンス</u>

【引用】https://ipa-mania.com/

※ これらの画像はわたしがわざと作ったものです

　盗用した画像の下に「出典：ヨッセンス」と入れたとしても、URLを入れたとしても、違法行為です。もし、**訴えられれば確実に**

負けるので「パクリ行為は禁止」ということを肝に銘じておきましょう。どうしてもほかのサイトで使っている画像を使いたいなら、運営者や運営会社に連絡をして許可を取りましょう。

「フリー素材」なら問題ない

次のような、無料で使える「フリー素材サイト」もあります。

フリー素材を提供しているサイト

- ぱくたそ（ https://www.pakutaso.com/ ）
- 足成（ http://www.ashinari.com/ ）
- いらすとや（ https://www.irasutoya.com/ ）
- ICOOON MONO（ https://icooon-mono.com/ ）

上の４つとも、**許可を取らなくても無料で使えるうえに画像のクオリティが高い**のが特徴です。

宣伝になりますが、「ONWAイラスト（ https://onwa-illust.com/ ）」という無料イラスト素材サイトでわたしもイラストレーターとして参加しているので、チェックしてみてください。

芸能人の画像やマンガのコマを使いたいなら、こちらのサイトも。

芸能人の画像やマンガのコマを提供するサイト

- Getty Images（ https://www.gettyimages.co.jp/ ）
- マンガルー（ https://mangaloo.jp/ ）

先ほど紹介したフリー素材のサイトとは違い、この２つのサイトの場合は、無料で画像を貼らせてもらう代わりに広告リンクが表示されます。そして、注意したいのが、**運営サイト側で画像を削除した場合、あなたのブログで使っている画像も表示されなくなる**という点です。そのリスクを知ったうえで使いましょう。

SNSの埋め込みを利用する

誰かが「Twitter」のようなSNSに投稿した画像は**「埋め込みコード」を使うことで、自分のブログに自由に表示することができます**。この方法を使えば、芸能人やアニメなどの画像でも著作権や肖像権に触れることなく使えます。

ただ、埋め込みコードを使うとしても**「公式アカウント」の投稿のみ**にしましょう。公式ではないアカウントが使っている画像は、そもそも違法で使われている場合があるからです。

SNSの埋め込みも、元の投稿が削除されると表示されなくなるので気をつけてください。

フリー素材に頼りすぎない

フリー素材は非常に便利ですが、**フリー素材に頼りすぎないようにしましょう**。なぜなら、「手軽に使える」のはあなただけの特権ではないからです。すべての人が利用でき、誰にとってもお手軽なのです。

フリー素材ばかりを使っていると、「自分のブログを覚えてもらいにくくなる」というデメリットもあります。もしかするとはじめてあなたのブログに来た人がフリー画像を見て、「あれ？ このブログ、前にも来たっけ？」と勘違いするかもしれません。

読者に覚えられているのは、あなたの書いた記事ではなく、使わせてもらっているフリー画像とも言えます。つまり、**「フリー素材の宣伝をブログでしているだけ」で終わってしまう**のです。「だったらフリー画像を紹介するなよ！」と言われそうですが、フリー素材は使い方によっては素晴らしいものです。でも、使いすぎには注意してほしいのです。

では、フリー素材に頼らずに、ブログで使う画像を探すにはどうすればいいのでしょうか？

自分だけの「マイ・フリー素材集」を作る

　わたしがオススメするのは、自分で撮影した写真を集めた**自分だけの「マイ・フリー素材集」を作ること**です。大げさに言いましたが、ただ単に「日常で写真を撮ることを習慣にしよう」ということです。

　町のなかを歩いているとき、家でリラックスしているときに、ポストや信号機、家具や化粧道具など、いろいろ撮っておくといずれ役に立つことがあるかもしれません。

スマホのなかは自分だけの素材集

　「写真を撮る」というと難しそうに聞こえますが、**最近のスマホは性能がいいため、スマホでも十分きれいに撮れます**。写真も自分で撮ることで撮影スキルが向上するので、一石二鳥ですね。バシバシ撮って、「マイ素材」を蓄えましょう。

Check!

- ☐ 無断で「出典：●●●」と書いて画像を借用するのもNG行為
- ☐ フリー素材を多用すると、ほかのブログとの差別化が難しくなる

02 悪意がなくても「パクリ」はNG

「引用」はルールを守りさえすれば問題なく使用できる。正しい引用をすることで、記事の信頼性が高まる。

「引用」の6つの原則

「引用」は、誰かの書いた文章や、撮影した写真、制作した画像を、**正当に自分の記事のなかで使用すること**です。

著作権についてくわしい奥野大児さん

| プロフィール |

こんにちは、当ブログを執筆している奥野大児です。詳しいプロフィールは<u>コチラ</u>をご覧ください。

東京都在住、1971年6月生まれです。ブロガー、フリーライター、イベント主催など。

▶明日やります
(https://www.odaiji.com/blog/)

「それってパクリと同じじゃないの？」と思うかもしれませんが、ルールを守れば「パクリ」ではなくなります。信頼できるデータなどを引用することで、記事の信頼性を高める効果もあります。

　今回は、著作権についてくわしいブロガーの奥野大児さんに教えていただいた「引用の6つの原則」についてまとめます。**この6つの項目すべてを満たす必要があります**のでご注意ください。

❶ 必然性

　文章や画像を引用する際には、「引用するための目的」が必要です。

その引用がなくても記事が成り立つ場合は引用とは認められません。

　たとえば、「あきらめたらダメ！」と言いたいがために、名セリフで有名なマンガ『スラムダンク』に出てくるコマを使うようなパターンです。突然、マンガのコマの画像を貼りつけるのは「引用の必然性」の要件を満たしていません。なぜなら、**その「セリフ」を引用する必然性があっても「コマ（絵）」にはないからです。**

　ここでコマを引用するのなら、その「絵の内容」に関して関係のある言及が本文には必ず必要になります。

❷ 主従関係

　自分の言いたいことの説得力を増すために、ニュースサイトやほかのブログから文章を引用することもあるかもしれません。気をつけたいのは、**引用はあくまで「補足的情報」**だということです。「主となる記事」との主従関係が明確である必要があります。

　記事の文章量から見て、その引用部分が大部分になるような見せ方はNGです。目安としては**引用部分が「記事本文の３割以下」なら大丈夫**だと言われています。

❸ 引用部分を改変しない

　引用した文章の改変は禁止です。もし引用部分の一部を太文字で強調する場合は、**自分で太字にしたことを明記**しましょう。

❹ 正当な範囲内である

　絵、文にかかわらず、無駄に多くの内容を転載してはいけません。適切な量で、引用しすぎないようにしましょう。

❺ 明確な区分

　引用する部分を、「ここは本文ではなく引用しています」ということがわかるようにします。ブログでは引用を表現する <blockquote> タグを使うのが一般的です。WordPressなら次のページの図のように引用するためのコードが用意されています。

【WordPress】引用するためのコード

❻ 出典の明記

　記事の最後に、どこから引用したのかを明記する必要があります。以下を参考にしてください。

引用の出典明記

　【WEB サイトからの引用】記事タイトル・URL

　【書籍からの引用】著者名・書名・出版社・出版年

　【雑誌からの引用】雑誌名・号数・出版社・出版年・引用箇所の掲
　　　　　　　　　　載頁

　サイトによっては著作物の引用ルールが明確に記されているケースもあるので、著作者の指示に従って表記しましょう。

Check!

□　誰かが作った文章や写真を、正当に使用するのが「引用」

□　「引用」には決められたルールがあるので、厳守すること

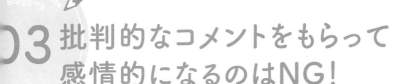

03 批判的なコメントをもらって感情的になるのはNG！

不快なコメントに対して感情的に反撃するのはやめよう。ほかに見ている人も不快になり、逆恨みを買ってしまうケースも……。

的外れな批判コメントは無視をする

TwitterやFacebookのようなSNSで、ブログ記事がシェア（拡散）されることも一般的になってきました。そして、シェアされるときにひと言コメントをもらうことがあります。

「気になっていたことが解決しました」「すごくわかりやすかったです」のようなうれしいコメントもあれば、**残念ながら批判的なコメントもあります**。

がんばって書いた記事にネガティブなコメントをもらうと、落ち込みますよね。そういうコメントをもらったときにはどうすればいいのでしょうか？

まず、そのコメントが**「単なる誹謗中傷」**なのか、**「建設的な意見」なのかを見極める**必要があります。では「単なる誹謗中傷」というのはどういうものでしょうか？

単なる誹謗中傷

- 「バカ」「死ね」などの単なる罵倒
- 言葉尻の揚げ足を取っているだけのコメント
- 記事タイトルから内容を想像して批判しているコメント
- 今さらこんなネタ……こんなの誰でも知ってるぞ
- 「考え方が違う」という理由でバカにしているコメント

これらはどんなものでも気分がいいものではありません。「バカ」というひと言でイラッとしたり、落ち込んだりします。

では、そんなコメントに対してどう対応すればいいのでしょうか？　**断固として無視をするのにかぎります**。なぜなら、そういう人は嫌がらせのようにいろいろな人に対して批判的なコメントをしている場合が多いからです。

あなたは、単にそのなかのターゲットの1人で、日常でなにか嫌なことがあって面白くないときに、たまたまあなたのブログを見て「不満のはけ口」にしただけかもしれません。道端にあった小石を蹴飛ばした……ぐらいのイメージです。

それとは逆に「漢字が間違っていますよ」のような建設的な意見をもらった場合は、それに対して感謝の気持ちで返信し、間違った箇所を修正しましょう。

中傷や悪口コメントに対してやらないほうがよいこと

不快なコメントに対して無視をしろと言われても「腹の虫が治まらない！」という気持ちもわかりますが、そんなときでも「やらないほうがいいこと」についても紹介します。

❶ 罵倒に罵倒で返すのはNG

罵倒されたからといって、罵倒を返すことは避けましょう。「バカ」と言われて「お前のほうがバカ」と言い返すのと同じようなものなので、**そんな姿を見たファンが幻滅して遠ざかってしまう**かもしれません。感情的になるのは禁物です。

❷ 「さらし者」にするのはNG

TwitterやFacebookでは、ひと言コメントをつけて拡散することができます。その機能を使って、「こんなバカがいるぞ」とさらし者にする人もたまに見かけますが、見ている側にとってはあまり品のいいものではありません。

確かにその人にダメージを与えることができるかもしれませんが、相手を逆上させる可能性もあります。

相手の恨みを買ってしまい、**現実社会での事件に巻き込まれる可能性もゼロではありません。**

スクリーンショットとして撮影し保存しておこう

もし罵倒のような、あなたの人格を否定したり、名誉を毀損するようなコメントをもらったときは、**その画面をスクリーンショットとして撮影しておきましょう。**

たとえ、その相手が腹を立てるようなことをあなたが書いていたとしても、それがあなたに対しての攻撃を正当化する理由にはなりません。スクリーンショットとして保存しておけば、相手がそのコメントを削除してしまってもデータとして残ります。めったにないとは思いますが、裁判になった場合には有力な証拠になります。

あまりにもひどい「粘着質なコメント」を送り続けるような人がいて、生活に支障をきたすレベルであれば弁護士に相談して対応を考えましょう。

ムキー!! 仕返ししてやるっ!

■ Check!

- ☐ 批判的なコメントをもらっても断固として無視
- ☐ 誹謗中傷コメントをもらったらスクリーンショットに残そう

04 プライバシーに鈍感なのはNG

何気なく撮影した写真を、ブログやSNSに投稿をすると プライバシーの侵害になることも。プライバシーの面で気をつけたいこととは?

相手のプライバシーはもちろん、自分のプライバシーも守る

　スマホで撮った写真をブログで使うとき、撮られた人のプライバシーも意識しましょう。**写っている誰かの顔や、車のナンバーにモザイクやボカシを入れる**などで対処しなければなりません。

　スマホでも簡単にモザイクやボカシを入れられるアプリがあるので、ぜひ活用してください。たとえば、次のようなアプリです。

モザイクやボカシを入れるスマホ用アプリ
- iPhone 用 ……モザイク　ぼかし & モザイク加工アプリ
- Android 用……Point Blur（ポイント ぼかし）

　以前、「瞳に映っている背景」から最寄りの駅が割り出され、自宅がバレた……というビックリするような事件がありました。他人のプライバシーを守ることはもちろん、**自分が住んでいる場所が特定できる写真には気を配っておきましょう。**自分の住んでいる場所が判別されないようにするためには、次の点に注意です。

❶ 位置情報を削除する

　まず、スマホで写真を撮影したときに**「位置情報（撮影された場所の記録）」が画像データ内に保存されないようにしましょう。**位置情報が記録されない設定は、スマホ上で簡単にできます。

❷ 家の位置がわかる背景は写真に写さない

　家の近所で写真を撮る場合は、背景に注意しましょう。マンションのベランダから見える風景からも住所がバレることがあります。風景が見えないように写すなどの工夫が必要です。

❸ 住所などの個人情報が写っている書類

　ブログで免許証やクレジットカードなどの写真を使うときは、個人情報をモザイクで隠すようにしましょう。名前や住所だけでなく個人が特定できてしまうような番号にも注意が必要です。

❹ 個人情報が写っているスクリーンショット

　WEBサービスの使い方を紹介している記事で、スクリーンショット画像を使う場合も注意が必要です。画面の端っこに、自分のメールアドレスが掲載されている場合が意外とあるからです。「ポケモンGO」のような「位置情報」を使ったゲームのスクリーンショット画像にも注意しましょう。

モザイクは簡単に入れられるよ!!

■ Check!

- ☐ 写っている誰かの顔や、車のナンバーにモザイクやボカシを
- ☐ 自分の個人情報や住んでいる場所がバレない工夫を

05 差別につながる 偏見表現はNG

文章のなかで悪気はなく差別につながる偏見表現をしてしまうことも。2つのコツを知っているだけで回避できる。

知らないうちに差別表現をしていることも……

　気をつけていても、知らない間に差別につながる表現をしていることがあります。たとえば次の表現は差別になりますが、なぜ問題なのかわかりますか?

この文はなぜ問題になる?
- 女性でも簡単に持てます
- Aさんは黒人ならではのリズム感だ

　なぜなら、「すべての女性は力が弱い」や「黒人は全員リズム感がある」ということはありえないからです。
　特定の属性を「こうだ!」と決めつけて表現すると、**その枠に収まらない人を排除することになります**。「あの人は女のくせに怪力」や、「黒人のくせにリズム感が悪い」のようにです。
　このように、一見差別に見えないような表現には注意です。

差別にならないようにするコツ

　差別につながる表現を避けるための、2つの方法を紹介します。

❶ 属性をせまくする

　先ほどの例の「女性でも簡単に持てます」は、対象となる属性が大

きすぎ（広すぎ）るために問題になっています。

　男性でも力の弱い人はいますし、**女性全員をまとめて「力が弱い」と表現するのは乱暴**でしょう。

　属性を狭くして「力に自信のない人でも簡単に持てます」という表現にすることで差別にはなりません。

❷ **個人をほめる**

　先ほどの「Aさんは黒人ならではのリズム感だ」という例は、ほめているように見えますが、実はほめていません。Aさんがんばって身につけたスキルを「黒人だから身についた」と言っているように見えるからです。

　ここではAさんという「個人」をほめ、**「Aさんならではのリズム感」**のように表現することで差別ではなくなります。

　ほかにも「女性ならではの気配り」のような「ほめているように見える偏見表現」はネット上にあふれています。性別や人種について述べるときは、「その特性は本当に性別（人種）に関係あるのだろうか？」と考えるようにしてください。

　こういった表現は、コツを知っているだけで回避できます。ぜひ、「これは差別にならないかな？」という意識を、普段から持っておくようにしましょう。

Check!

☐　一見差別に見えないような表現に注意！

☐　差別表現はコツを知っているだけで回避できる

100 ページオーバー ?!

本書を Chapter 09 まで読んでくださりありがとうございます。本書はけっこうボリュームがありますが、実は原稿の状態ではもっとページ数が多かったのです。

驚くことに、オーバーしたページ数が 100 ページを超えてしまっていました。そのため、試行錯誤して文章を短くしていったのですが、それでも 60 ページほどオーバー……。

そこで思いきって、「Chapter 10」に入る予定だった「挫折しないためのＱ＆Ａ」をまるまるカットし、PDF の「Chapter 12」としてご用意することにしました。

つまり、インターネットでダウンロードすることで読めるため、結果的にはボツになっていません。Chapter 12 は、初心者からよく聞かれる質問をまとめているので、これからブログをはじめる人、はじめたばかりの人はぜひ読んでいただきたいと思います。こちらの QR コードで特設サイトへ行くとダウンロードできます。

継続するために
知っておきたい
6つの鉄則

ブログを「継続すること」は、
読まれるブログの運営にとって基本中の
基本であり、そして一番難しいことです。
このChapterでは、ブログを継続するために
知っておいてほしいことを
「6つの鉄則」としてまとめました。

01 習慣化が命！ ブログの時間をひねり出せ！

「続ける」ことの大切さ。これはまさに、ブログも当てはまる。忙しい毎日、スキマ時間を有効に使ってブログのための時間を作っていこう。

ブログ「習慣化」の大切さ

序章で、「ブログは書かなければはじまらない」という話をしました。当然ながら、はじめないかぎり、ブログは書けません。

では、ブログを開始できればあとは万事オッケーなのかというと、そうではありません。**最大の難関は「継続すること」……つまり、ブログの習慣化**です。

わたしも取り組みはじめた当初は、ブログをはじめてすぐにやめてしまいましたが、4か月後に再開したからこそ今があります。そうです、**やめなかったから成功する**のです。

習慣化させるための4つの方法

ブログを継続させるためのカギをにぎるのは、ほかでもない「習慣化」です。ただし、いくら「ブログを書きましょう！」とわたしが連呼しても習慣化はできないでしょう。そこで、ブログを習慣化させるための具体的な方法を4つ紹介します。

❶ ブログを書くことを忘れない！

そもそもですが、「ブログを書くこと」を忘れていませんか？　家で毎日パソコンを使う習慣がなかったり、家事や育児など「やること」

が山積みだったりすると、**ブログをはじめたことすら忘れてしまいます**。

　そこで、ブログを書くことを忘れないように、なんらかのシステムを作りましょう。「システム」と聞くと難しそうですが、リマインダーを用意するということです。

　リマインダーというのは、忘れないように「思い出させるもの」のことで、**よく見える場所に「ブログを書く！」という張り紙をする**ようなレベルでかまいません。スマホのロック画面に張り紙の写真を設定しておくのもオススメです。

❷ ブログの優先順位を上げる

　ブログを書くことを覚えていても「仕事が忙しい」というのを言い訳に使って、すぐに書かなくなります。そこで、生活のなかでの**ブログの優先順位を上げる**のです。

　次のようなことをやっている時間を、ぜひともブログのための時間に置き換えましょう。

ブログの時間に置き換えたいもの
- とくに実りのない飲み会
- 酒、タバコ
- ゲーム、テレビ、SNS、動画

❸ ブログを書く時間を決める

　忙しい人の場合、**ブログを書く時間を決める**ことが習慣化に効果的でしょう。たとえば、朝5時に起きて6時まではブログを書く……というように。お仕事をやっている人の場合はお昼休みの1時間を使ったり、電車での通勤時間をブログの時間に当てたりするのもオススメです。

❹ スキマ時間に執筆する

　1日にまったく余裕のある時間がないという人でも、スキマ時間は

あるはずです。電車を待つ時間や、トイレの時間、コインランドリーで待っている時間、レジで並んでいる時間……。**1つ1つの時間は数分でも、かき集めると1日に30分ぐらいになる**のではないでしょうか?

　それらの時間にできることをやりましょう。スマホさえあればこんなことができます。

スキマ時間にスマホでできること
- ブログのネタをメモする
- 記事の構成を考える
- 撮影した写真を加工する
- 下書きをする

　その気になれば、スマホだけでブログの記事を投稿することもできるので、挑戦してみてもいいかもしれません。

　人間にとって唯一平等なのが1日の24時間です。かぎられた時間をうまく使って、ブログの時間を無理やりでも捻出しましょう!

Check!
- ☐　ブログを習慣化させれば続けられる
- ☐　ブログの時間は無理やり捻出していくもの

02 アクセス数を
気にしすぎない

結果が出てくるまでに時間がかかるのがブログの特徴。でも、その時間を待てずにやめてしまう人も多い。

目標数値を可視化して、モチベーションを上げる

「アクセス数や収益が増えない」という理由で、ブログを書くモチベーションが続かない人もいます。そんな人は、わたしのブログの最初の3か月のアクセス数を見てください。

わたしの最初の3か月のアクセス数

年月	1か月に読まれた回数	収益
2013年2月	0PV	0円
2013年3月	約100PV	0円
2013年4月	約350PV	0円

どうでしょうか？　最初の月なんて0PVでした（自分のアクセスはカウントしない設定にしていました）。ここで言いたいのは、「アクセス数が少ない……」と嘆いている人は、あなただけではないということです。

アクセス数や収益額は、自分では操作できない数字です。「さて、今日は5万円ぐらい稼ごうかなぁ」と思って額が上がるのなら、もち

ろんみんなやっていますよね。

そのため、調整不可能な数字を目標にするのではなく、記事の「投稿数」を目標にするほうが健全だと言えます。「今週は3記事書くぞ」という**「投稿数」を目標にしておけば、達成できるかどうかは「自分のがんばり次第」**ですよね？

まずは「100記事書くこと」を目標にしましょう。100記事を目標にしていれば、20記事書けたときの達成率が「20%」になるため、可視化しやすいからです。「目標に対してどのくらい進んでいるのか？」を知ることもモチベーションにつながるので、自分でコントロールできる数字を目標にしましょう。

結果が出るのは数か月後

初心者の人がよく勘違いしているのが、ブログの記事を投稿したらアクセス数がどっと増えるという「妄想」です。

ブログをはじめることはサハラ砂漠の真ん中で屋台をはじめるようなものです。当たり前ですが、お客さんは来ませんよね？　そのお店が悪いのではなく、誰も「そこにお店がある」なんて知らないので、訪問しようがないからです。

では、どうやって自分のブログに人がたどりつくのかというと「Google検索」です。ただし、**記事を書いてしばらくは検索結果の上位に来ることがないという事実があります。**基本的にはどんなに「良質な記事」を書いたとしてもです（例外はありますが）。

わたしの場合は、記事を書いて3か月は「寝かせる」つもりで、放置します。3か月ぐらい経てば、まったく検索結果に表示されなかった記事でも、徐々に検索結果に出るようになってきます。**農業の「種まき」と同じで、すぐには結果が出ない**という特性があるのです。

「競合サイトの記事の質」との比較で上位に来るかどうかが決まりま

すが、とにかく**記事を書いた翌日に検索結果の上位に来ることはあり
えない**と思っておきましょう。

　増えもしない数字をながめていても時間の無駄なので、最初の３か
月は「記事数」だけに注目し、「Googleアナリティクス（アクセス数
などを確認できる無料で使えるWEBサービス）の管理画面などは見
る必要はない」というのがわたしの考えです。

収益を目的にすると挫折しやすい

　ブログをはじめる目的が「収益を得ること」という人も多いかもし
れません。でも、最初から収益を目的にするのは危険です。そうやっ
て挫折する人をたくさん見てきました。

　先述しましたが、アクセス数と同じく**「収益」も自分でコントロー
ルできない数字**ですよね？

　収益化が早い段階でうまくいく人もいますが、それは収益化に結び
つけやすいジャンルを書いていたことがほとんどです。かといって「収
益になりやすいジャンル」に、経験も関心もまったくない初心者が手
を出すのもオススメできません。
**収益化につながりやすいジャンルは、「ブログで稼ぎたい」と思っ
ている誰しもが狙うジャンル**のため、ライバルが多いからです。ブロ
グをはじめて間もない人が簡単に太刀打ちできるほど甘くはないので
す。

　Chapter 08でも紹介したように、ブログから収益を得る方法はたく
さんあります。「アフィリエイト」だけが収益を得る方法ではありま
せん。**むしろ、アフィリエイトだけで生活するというのはハードルが
高いため、万人にオススメできるものではないのです。**

　それよりも、はじめの段階ではブログを続けることに集中しましょ
う。１年後にそのブログが開花するかもしれないのです。１か月でや

Chapter

10

継続するために知っておきたい６つの鉄則

めてしまうなんてもったいないです。

　お金がほしくてブログをはじめても、最初は収益のことは考えないほうがうまくいきます。では、なにを考えて書けばいいのかというと**読者が満足する姿**です。作品を作るつもりで「いいモノ」を書いていけば、きっとうまくいきます。

ほかの人ともくらべない

　ほかの人とくらべないことも、モチベーションを保つために大切です。Twitterなどでは「３か月で10万円稼ぎました！」や「１か月で３万PVいきました！」というような投稿も目にします。

　もちろん、それはそれですごいことですが、短期間で成果の出る人はブログで活かせる能力を備えていたり、運の要素もあったりするので、普通の人にとっては再現性がありません。

　他人とくらべて得られるものはなんでしょうか？　「負けないぞ！」と思うことでがんばれる人はいいのですが、わたしなら「やる気の喪失」以外に得るものはありません。初心者は「うちはうち、よそはよそ」ということを意識して、**ほかの人の成功例に惑わされない**ようにしましょう。

■ Check!

- ☐ とにかく「ブログを続ける」ことに集中してみよう
- ☐ 自分で調整できない数字「PV数」「収益」は意識しない

03 最初から完璧を求めすぎると、続けるのがつらくなる

はりきってブログに関するあれこれの情報を収集する人がいる。情報収集も大事だが、まずはスタートさせて、記事を蓄積しよう。

デザインを気にするのは軌道に乗ってから

ときどき、「このデザインにするにはどうすればいいですか？」というような技術的な質問も受けます。ところが、そんな人のブログを見てみると、記事が1つも投稿されていないこともあるのです。

自分のブログに愛着を持っているからこそデザインを凝りたくなる。それはわかりますが、**「ブログ開始から1か月たつけどデザインしかいじっていない」**という状況は**かなり危険**だと言えます。そのままブログの記事を投稿する前にフェードアウトする人もいるからです。

ブログを開始したばかりのころに、完璧なデザインを求めるのはやめましょう。「最高のデザイン」にはゴールがないからです。
実際にブログを運営しはじめて「見出しのデザインが目立たないなぁ」のように思ったときに調整するようにしましょう。

ノウハウ収集が目的にならないように！

「ノウハウ収集」も「完璧を目指す人」が陥りやすいものの1つです。「ブログ運営」についての情報やノウハウはネット上に有料、無料を問わずたくさんありますが、アレもコレもと飛びつくのはやめましょう。
ブログの成功に近道はありません。ノウハウを得るために誰かのブ

ログばかり見ていても、誰もあなたのブログを書いてくれません。

　もし、「ラクしてブログで稼げる！」系の高額セミナーなどに行こうかどうかと悩んでいるなら、**絶対にやめましょう。**ラクして稼げる系の話はサギである場合がほとんどで、あなたではなく「主催者が」ラクして稼げるようになるためのものなのです。

　また、「このジャンルが稼げる！」というような話を聞いて、無理して興味のないジャンルを執筆している人もいますが、オススメできません。文章に慣れた人でも、興味のないことについて書くことはつらいものです。

　ただし、興味のないジャンルに**挑戦するのは悪くありません。**でも、それでブログを書くのが苦痛になってきたら「好きなこと」「得意なこと」「興味のあること」を書くことをはじめてください。

それでもブログがつらい場合は？

　本当に文章を書くのがつらくてたまらないとしたら、もしかすると文章を書くことが向いていないのかもしれません。ただし、「ブログをやめたほうが」と言っているのではなく、ここで言いたいのは「力を注ぐべき発信方法がほかにないか？」ということです。

　Chapter 05-13で「SNSを活用する」ことについて述べましたが、現在ではいろいろな発信方法があります。

　ブログは「プラットホーム」として重要ですが、**主とするチャンネルをYouTubeにするだけで伸びる人もいます。**なぜなら、人によっては「書く」よりも「話す」ほうが得意だったりするからです。

　人気YouTuberの「カズチャンネル」のカズさんが、もともとはブロガーだったという話は有名です。

カズチャンネル/Kazu Channel

https://www.youtube.com/channel/UCVPz_nauEJpqPxxvYiOpCHQ

ほかにも、人気ブログを運営しつつ、YouTuber として活躍している発信者もいます。

monograph/堀口英剛

https://www.youtube.com/channel/UCzH-IRXHeF4jox0P4qBxWAQ

平岡雄太/ DRESS CODE.

https://www.youtube.com/channel/
UC7P3bmkbTdAXaJYzhuF2obA

　こちらのみなさんが証明してくれていますが、発信方法の基本を学んでおけば、文章でも動画でも成功を実現することが容易になるとも言えるでしょう。

Check!

- [ ] ブログ初心者が完璧なデザインを求めるのは禁止
- [ ] いろいろな情報に、アレもコレもと飛びつくのはやめよう

04 主人公を 選び間違えない

好きなことを発信していくのがブログだけど、発信する主体は「自分」なのか、それとも「情報」なのか……。どちらのタイプなのかをはじめる前に意識しておこう。

自分がブログを書くスタイルを間違えていないか?

ブログを書くことは楽しいですか?

すみません。「なにを突然?」と思いますよね。実はブログを書くのが楽しくないという人のなかには、**「主人公の設定ミス」**が原因の場合があります。
ブログを書くスタンスは大きく分けると、次の2種類です。

ブログを書くスタンス
- 自分が主人公のブログ
- 「情報(ブログ)」が主人公のブログ

この選択を誤ると「書くことが好き」だとしても、ブログが苦痛になっている可能性もあるのです。

❶ 自分が主人公のブログ
「自分が主人公」というのはどういうブログでしょうか? 自分の生活を主軸にしたブログのことですね。
わたしのブログ「ヨッセンス」の場合は、主人公である「ヨス」というわたしの名前が頻繁に出てきます。ブログの内容も、わたしが行った場所、食べたもの、買ったもの、考えたことなどを、「ヨスが体験

した」というところに焦点を当てて書いています。

　実はこれは徹底していて、冒頭で毎回「こんにちは！　ヨスです」と名乗って**「自分が主人公」ということをアピール**しているほどです（笑）。

　わたしが主人公のブログが「ヨッセンス」で、「ヨスという人間個人」にファンがついています。ありがたいことに「ヨスのブログだから読む」という人もいるのです。

❷ 「情報（ブログ）」が主人公のブログ

「情報（ブログ）」が主人公のブログというのはどういうブログでしょうか？　読者にとって「書いた人」のことはそこまで重要ではなく、**書かれている情報が重要なブログ**です（もちろん、信頼できる人が書いているということは大切です）。

　主人公がブログ（サイト）になる例として、「とよすと」を紹介します。

とよすと

▶ (https://toyosu.tokyo/)

「とよすと」は、東京都江東区にある豊洲という町の情報に特化した「地域ブログ」です。**豊洲に関係のない情報はいっさい書かれず、誰が書いているのかもブログでは公表していません。**

　とにかく豊洲への「愛」だけで運営されていることが伝わってくるほどの徹底した情報量です。「誰がどんな情報を求めているか」がよく考えられ、それに対して**自分の足**

を使って「生の情報」を入手していることがよくわかります。

主人公を選び間違えるな！

　以上、2つのスタイルを紹介しましたが、ざっくりと言うと**自己承認欲求の強い人は、自分が主人公のブログのほうが合っている**と言えます。自分がやったことを記事にして、注目してほしいという人のことです。

　逆に、「情報をまとめるのが好き」「自分を出すのは苦手」という人は、情報が主人公のブログを運営したほうがいいでしょう。

「自分のことをあまり出したくない」という人が、「ブログってこういうものだから……」と勘違いしてしまい、「こんにちは！　○○です！」と書いても苦しいだけで、長続きするのが難しいのは言うまでもありません。

ブログの主人公を選択してください。

自分自身

ブログ

Check!

☐ 「自分」と「情報」、どちらを発信したいのか決めておく
☐ どちらのタイプが向いているかを考えよう

05 ブログを書く仲間を見つけよう

1人でブログを続けていると、うまくいかないときにどうしてもネガティブな考えに陥りがちに……。そうならないためにも、ブログの仲間を見つけて、積極的に交流しよう。

「同じ時期にブログをはじめた人」を仲間にしよう

　ブログは基本的に孤独な作業です。わたしは部屋に閉じこもって1人で作業するのは、わりと平気なのですが、そうではない人も多いでしょう。「仲間がいる」というのは大きなモチベーションになります。

　では、どうすれば仲間は見つかるのでしょうか？　答えは簡単です。**RPG（ロールプレイングゲーム）のように仲間を見つければいいの**です。ブログを書いている人は、実はネット上にたくさんいて、みんな同じように「仲間がほしい」と思っています。ぜひ、SNSを活用してブログを書いている仲間を探しましょう。

　仲間としてオススメなのは**「同じ時期にブログをはじめた人」**です。直面する「ブログに関する悩みやトラブル」が近いことが多いので、相談相手としても最適だと言えます。

　「半年間ブログを続けているけど、ぜんぜんアクセス数が増えない」……と、**1人で悩んでいたら「ブログを続けて意味あるのだろうか？」というようなネガティブな思考になりがち**です。ここまでも説明してきたように、ブログを書いていて行き詰まってしまう理由の1つは、「すぐに結果が出ないこと」です。仲間とのコミュニケーションを通して「みんなも同じように悩んでいること」を体感できます。

　わたしがブログをはじめたころ、**オンラインで知り合ったブロガー**

仲間に何度はげまされたかわかりません。

自分でオフ会を開催する

　もし可能なら「オフ会」などに参加して実際に会うのもオススメです。今では「オフ会」も、実際に会わなくてもいい時代になってきました。「Zoom」や「Skype」などを使って**オンラインでオフ会を開くことも簡単**です（オンラインなのに「オフ会」というのはヘンですが……）。

「誰かが開催してくれるのを待つ」のではなく、**自らオフ会を主催してみるのもいいでしょう。**わたしもブログを開始して半年経ったころに、ブロガー対象のオフ会を香川県で開催しました。まったくの無名ブロガーだったわたしの呼びかけで開催したにもかかわらず、15名もの人が集まりました。しかも、関西、関東から来てくれた人もいたのです。

「誰かがやってくれたらなぁ」と思っている人は意外と多いのではないでしょうか？　オンラインでもいいので、ぜひ自ら率先してイベントを開催してみてください。きっと仲間が見つかります。

ブログを書く人が集う環境とは？

　ブログを書いている人のなかには**「コワーキングスペース」を利用する人もいます。**そのなかでも、ブログを書いている人が集まりやすいコワーキングスペースもあるので行ってみるのもアリです。

　わたしが関東に行ったときによく顔を出しているのは、元WEB制作者の山口拓也さんの運営するコワーキングスペース「まるも」です。

【千葉・金谷】まるも

https://marumo.net/

「まるも」では、「田舎フリーランス養成講座」という合宿形式の講

座も開催していて、その受講生をはじめ、WEB系のフリーランスが常に集まるような風土があります。ブログ運営者向けのイベントやセミナーを開催することもあるので、ぜひWEBサイトを確認してみてください。

オンライン上のコミュニティも

また、オンラインでのやりとりができる「オンラインサロン（オンラインコミュニティ）」という媒体もあります。**インターネット上で交流できる仕組み**で、SNSを使ってメンバーしか入れない場を設け、交流することができます。

オンライン上のブロガーコミュニティもある

▶ヨッセンスクール ブログ科
（ https://yossense.com/yossenschool-start/ ）

わたしは「ヨッセンスクール ブログ科」というオンラインサロンを運営していて、主にFacebookのグループ機能を使って交流しています。質問したいことがあれば質問を投稿し、その返事をわたしや、

ほかのメンバーがしてくれます。

「ヨッセンスクール ブログ科」について

https://yossense.com/yossenschool-start/

　また、**すでにブログを書いて成功している人も在籍している**ため、モチベーションも維持しやすいです。

　仲間ができただけで一気にモチベーションが上がって成長したという例も数多く見てきました。オンラインでもオフラインでもいいので、ブログを書いている仲間をぜひ見つけてください。

ブログを書いている「仲間」がいるとモチベーションを保ちやすいですよ♪

■ Check!

☐ 1人で続けているとネガティブ思考に陥り、続かなくなる原因に
☐ オンラインでも積極的につながることができる時代になった

06 ブログの先にあることに ワクワクしよう!

**ブログを続けることでさまざまな可能性が開けてくる。
続けるための最大のコツとは?**

継続することで道は開く

　ここまでブログを継続させる方法をいろいろと紹介してきましたが、最後にもっとも大切な方法をお伝えしましょう。それは**「楽しんで書くこと」**です。

　最後の最後で、一番モヤッとした言い方ですみません。でも楽しくブログを書けるようになれば最高だと思いませんか?　そのためにもここでは、ブログで得られるものや、ブログの先にある8つの「ワクワク」を紹介しましょう。

❶ 自己開示する楽しさ

　自分に関する情報をまわりの人に話すことを「自己開示」と呼びますが、ブログはまさに自己開示の典型でしょう。自分の好きなことについて、好きなだけ表現できるなんて楽しいですよね。
「オレの話を聞いてくれ〜!」と思っていても、現実ではなかなかじっくり自分の話を聞いてくれる人はいません。でも、**ブログではどれだけ自分の好きなことについて語ってもいい**のです。

❷ アウトプットで思考が整理される

　情報を得ることを「インプット」と呼び、その反対に情報を発信することを「アウトプット」と呼びます。友達に勉強を**「教えること(アウトプット)」**によって**「教える側」の成長になる**という話を聞いたことはありますか?　あやふやな知識では伝わらず、論理的に理解で

きてはじめてわかりやすい説明ができます。

　つまり、ブログにわかりやすくアウトプットすることで、さらに思考が整理されます。**書けば書くほど得意なことに関する知識が研ぎ澄まされる**のです。

❸ 積極的になる

　ブログをはじめると、今以上にさまざまな事柄に積極的になれます。わたしは、かなりの出不精なのですが、「ブログにも書けるし……」という理由ができると旅行に行く回数も増えました。

❹ ポジティブになる

　モノを買うときに「これを買って失敗しないかな？」とネガティブに思ってしまいませんか？　でもブログを書いていると**「失敗してもネタになるし！」というポジティブな発想**に変わりました。

❺ 人生に無駄がなくなる

　ブログを書いていると、成功も失敗も、身のまわりのことがすべてネタになるため、**人生に無駄がなくなります。** 遊牧民は家畜の肉を食べ、残った骨や皮などすべての部分をあますところなく使い、フンですら燃料にするそうですが、「ブログを書くこと」もまさに「ノマド（遊牧民）」のようです。

❻ 自分を理解できるようになる

　ブログを書くことで自分をよく理解できるようになります。 執筆とは「自分の人生」を体系的にまとめられるような側面があるのです。人間は意外と自分のことをわかっていませんから。

　自分のことがよく理解できると、やるべきこと、やらなくてもいいことの仕分けができ、好きなことに注力できます。

❼ 夢が実現しやすくなる

　ブログで自己開示してアウトプットをしていると、自分の夢や、自

分がやりたいこと、できることを読者に知ってもらえます。たくさんの人に自分を知ってもらえると、「一緒にイベントをやりませんか？」というような**面白い話が舞い込んでくる**のです。

Chapter 08-06で説明しましたが、ブログは「ブランディング」につながります。もしブログで発信していなければ、会ったこともない遠く離れた人があなたについて知ることは難しいでしょう。

❽ ブログは出会いを呼び込む

ブログを書くことは「出会い」を呼び込みます。わたしは東京には住んだことがありませんが、今ではブログを通じて東京にたくさんの友人ができました。東京どころか、全国、海外にも友人がいます。ブログを通じて結婚相手に出会えたという人もいます。

こんなにたくさんのワクワクがブログを通じたその先に、可能性としてあるのです。アクセスがなくても、収益につながらなくても、ぜひ継続してください。今ブログを続けていれば、**数年後にはなにかにつながっているはず**です！

もし仮にブログを途中でやめてしまったとしても、ブログの運営で身についた「伝える力」や、WEBにまつわるスキルはなくなることはありません。やってみて損することのないものがブログです！

> そもそもですが
> ムダになる経験
> なんてありません
>
> ブログの先にある
> 「楽しいこと」を
> 考えて続けましょう

☐ Check!

☐ ブログを継続させる一番のコツは「楽しんで書く」こと

☐ 続けてさえいれば、なにかにつながる

好きなことをヘンタイ的に！

　本書では、ブログには好きなこと、得意なこと、興味のあることについてアツい気持ちで書くように繰り返し言ってきました。言葉は悪いのですが、それはほかの人が見て「この人、効率化に対する執着がオカシくない？」のように思われるほどの「ヘンタイ的なこだわり」があるほど面白いでしょう。それが「あなたらしさ＝個性」ですから！

　ただし、好きなことを「好き勝手」に書くのはよくありません。本書でしつこく述べてきた「検索意図」を考えることが大切です。そして、文章だけではなく、画像もデザインも、ブログ運営におけるすべてのことについても同じです。

　なにをするにしても、今やろうとしていることがこちらの3つの指標に貢献するかどうかで判断しましょう。

- それは読者に「満足」されるか？
- それは読者の「信頼」を得られるか？
- それは読者に「感謝」されるか？

　自分が「こうしたいからやる」のではなく、「それによって読者に満足されるからやる」という 思考です。あなたのアツい記事を「求める人」にわかりやすく伝えていきましょう！

「ブログで夢をかなえた」
7人の声

本書の最後に、わたしの運営する
「ヨッセンスクール」で学んでくれた
実践者の声を紹介します。
わたしの尊敬できる仲間7人が、
「どのようにブログと向き合っているか？」
についてお聞きしました。
ぜひ、今後のブログ運営の
参考にしてみてください。

副業でブログをスタートさせて、法人化を実現！

名前（ハンドルネーム）	ブログ名・URL
マクリン	マクリン https://makuring.com/ マクサン公式サイト https://makusan.jp/ Ray Terrace（レイテラス）公式サイト https://ray-terrace.com/

プロフィール

ASPに勤める会社員ブロガー。月に100万回読まれるガジェットブログ「マクリン」を中心に複数サイトを運営し、ブログも法人化。ブロガー向けのオンラインサロン「マクサン」をブロガーのサンツォさんと運営。コワーキングスペース「Ray Terrace（レイテラス）」を2020年8月にオープン。

💬 サラリーマンをしながらブログで成功するまで

　最初にご紹介したいのは、ブログ「マクリン」を運営するマクリンさんです。マクリンさんは、現在ASPに勤める「会社員」でもあります。つまり、「副業」としてブログを運営している「会社員ブロガー」です。

　現在は、月に100万回読まれるガジェットブログ「マクリン」を中心に複数サイトを運営し、ブログを軸とした事業で法人化もしています。

　そんなマクリンさんが、2017年5月にブログを開始した理由は「お金を稼ぐこと」だったそうですが、**「ブログでお金を稼ぐことは想像以上に大変だった」**と振り返っています。マクリンさんがブログで成

功するまでのことを中心にお話を聞いてきました。

——サラリーマンをしながらブログを書くうえで大変なことはなんで
しょうか？

マクリン　一番の問題は時間です。サラリーマンをしていると、そも
そも1日のうちに使える時間がかぎられています。そのため、**24時
間のなかでスキマ時間を見つけたら、とにかくブログの作業をしてい
ました**。朝の通勤時間に「見出し」の作成、昼の休憩時間に「画像」
の撮影、帰宅時の電車のなかでは「画像補正」といった感じです。

——カギとなるのは「スキマ時間の活用」なんですね。

マクリン　**まとまった時間の取れる帰宅後までに、ブログ執筆にとも
なう準備を終える**ことが、副業としてブログを運営する僕なりのコツ
でした。家に帰ってからは、寝る前の2〜3時間を使って、パソコ
ンに毎日かじりついていましたね。

伸び悩んでいたときにやっていたこと

——ブログのアクセス・収益はすぐに伸びましたか？

マクリン　いえいえ、とんでもないです（笑）。「ブログに費やす時間
をひねり出す生活」を続けていましたが、まったくアクセス数が伸び
なかったです。30記事程度書いたところで、「ブログからの収益が1
か月1000円に届くかどうか」でした。

——伸び悩んでいた原因はなんだったのでしょうか？

マクリン　「収益のことしか考えていなかったから」だと思います。
実際に体験したうえで言いますが、**「ブログから得られるお金」**だけ

を目的にすることは、**挫折する可能性が高いのでオススメしません。**もしそのままお金だけを目的にブログを書いていたとすれば、とっくにやめていたことでしょう。

——お金ではなく、なにを目的にしたらうまくいきましたか？

マクリン　僕の場合は「ブログを通じて誰かの役に立つこと」を目的に書くようにしてから変わりました。たとえば僕は家電やデジタル機器が好きで、ネットでよく検索しています。そんなとき、ネット上にはマニアックで難解な記事ばかりあふれていて、自分の求める答えにたどりつけないことがよくあったんです。そこで、**「誰が読んでもほしい情報が見つかるブログにすること」**を目的に据えて、わかりやすさを考えて運営するようにしました。

　一緒に切磋琢磨できるブログ仲間を見つけることも重要ですね。仲間が見つからない人はコミュニティに所属するのもいいでしょう。僕は実際、ヨスさんのオンラインサロンに入り、Twitterもスタートしたおかげで、何人もの仲間と出会えました。社会人になってからはじめて、友人と呼べる人もできましたし。**「ブログ」という共通テーマがあるだけで話が尽きず、**ブログ談義で盛り上がり、それがブログを継続する原動力にもなりました。

💬 「なぜかスルスル書けるテーマ」を見つけよう

——大切なのは「目的」と「仲間」ということですね。ほかにも大切なことはありますか？

マクリン　あとは「なにを書くか？」ですね。意識を変えて再スタートしたブログでしたが、半年ほどは月1万PVに届くか届かないかくらいの低空飛行でした。浮上するきっかけをつかんだのは、自分の人生からネタをひっぱり出していくなかで**「なぜかスルスル書けるテーマ」**を見つけられたことです。この体験が、僕のブログ人生の転機と

なりました。それが僕にとって
は「ガジェット（デジタル機器）」
だったんです。当初は雑多なブ
ログでしたが、そこからガ
ジェットにしぼって書きまく
り、とにかく丁寧に記事を重ね
ていきました。

　それと同時に、Twitter の運
用もがんばりました。ブロガー
として成長していく過程をつ
づったり、自分なりに検証した
ノウハウを発信することで、
フォロワーさんとのつながりが
増えていきました。サイトの成
長と Twitter アカウントの育成
で、ブログの認知度も少しずつ

高まり、**ブログを開始して1年半が経ったころには、会社員の給料も
超えるようになってきました。**

――すごい躍進ですね！

マクリン　ありがとうございます。ブログのイベントで登壇したり、
雑誌やメディアで取り上げていただく機会も得ることができ、ブログ
をはじめた当初では想像できないことばかりを経験しています。

――たしかそのころに転職したと思いますが、理由はなんでしょうか？

マクリン　ブログが軌道に乗りはじめると、本業に疑問を感じはじめ
るようになったんです。会社でやっている業務とブログで書いている
ことに関連性が薄かったため、「ブログにスキルを活かせる会社で働
きたい」と考えるようになりました。

転職活動をはじめてほどなくして、当時勤めていた会社の隣が、なんと ASP の「株式会社もしも」という、ブログと関連の深い企業であることがわかりました。もう運命だと思い込み、すぐさまその門戸を叩いたのです。先方も、ブログで会社員以上の収益をあげていること、**Twitter で 1 万人以上のフォロワーを集めていることを評価してくださり**、トントン拍子で採用が決まりました。

――転職してみてどうでしたか?

マクリン　転職してからは、これまでよりブログと本業が密接につながり、相互にメリットの大きい働き方ができるようになっています。たとえば ASP 担当者は、広告主とメディア（ブロガー・アフィリエイター）をつなぐ仕事をしています。僕にはブロガー・アフィリエイターの知り合いが多いので、そうした**人脈を最大限に活用することもでき、ほかの人では真似できない大きな価値を生み出す**ことができました。また、広告主にとっても「アフィリエイトを理解している ASP 担当者」のほうが話が早く、関係性を構築しやすくなるようです。**本業と副業でスキルを還流できた**おかげもあって、その年の 12 月にはブログが成長して、**副業でも法人設立にいたりました**。2020 年に入ってからはブログと SNS だけでなく、オンラインサロンを軸に活動しています。2020 年 8 月には「コワーキングスペース」をオープンしました。

――最後に、これからブログをはじめようと思っている人にひとことお願いします。

マクリン　ブログは、最初は会社員の単なるお小遣い稼ぎでスタートしましたが、好きで続けるうちに多面的な活動になり、自分でも驚いています。**ブログにはそれだけの可能性があります**。僕のように、会社員をしながら「副業」としてブログをはじめる人が多いと思いますが、スキマ時間を利用して、本気で取り組めばきっとなにかにつなが

るはずです。転職した先でブログで学んだことが役に立つことも大い
にあることでしょう。**副業でブログをはじめる人に、とくに「がんばっ
てください！」とエールを送りたいです。**

　マクリンさんの場合、会社員の傍らブログを副業として結果を出し
てきましたが、ブログには副業としての使い方以外にも大きな可能性
があります。このあと、ブログからさまざまなチャンスを生み出して
いる6人の魅力的なブロガーのみなさんのコラムを掲載します。
　Chapter 10までの本篇に書き切れていない重要なポイントが満載で
す。ぜひ、さらなるブログの可能性に触れてください。

読まれるために「とにかく続ける」

名前（ハンドルネーム）	ブログ名・URL
田中美帆（MIE）	田中美帆オフィシャルブログ https://lineblog.me/mie/ MIEブログ https://mie-blog.com/ Instagramアカウント @mie__blogger

プロフィール

大阪府在住の3児の母。ブログ歴15年。LINEオフィシャルアカウント登録者約1万9000人（2020年8月現在）。女性ブロガーコミュニティ「関西美活」運営。フジテレビ恋愛観察バラエティー番組「あいのり」に"MIE"で出演後、「アメーバオフィシャルブログ」「アメーバ公式トップブロガー」を経験し、現在は「LINEオフィシャルブログ」と「WordPress」の2つのブログを運営中。

タレント活動中にアメブロからスタート

　私の人生において、もっとも「やってきてよかった」と言えるのがブログです。ブログをしていたからこそ実現できたことが数え切れないほどあります。

　タレント・モデル、カフェプロデュース、化粧品プロデュース、自宅サロン、アロマテラピーインストラクターの講師業、イベント主催、コミュニティ運営……今までやりたいことはほとんど挑戦してきました。これらはブログを通じて多くの人に伝え、賛同や共感をもらい実

現したことばかりです。**飽き性でなにをやっても続かなかった私が、唯一続けてこられた魅力的なもの、それがブログなのです。**

　もともと個人でひそかにブログを書いていたところ、サイバーエージェントさんから「アメーバブログがスタートするのでオフィシャルブログ（芸能人枠）を開設しませんか？」とお誘いを受け、「アメブロ」をスタートしました。

　声をかけていただいたきっかけは、フジテレビの恋愛観察バラエティー『あいのり』に

MIEとして出演したあと、タレント活動をしていたことでした。**アメブロでオフィシャルブログを開設**していただき、本格的にブログを書きはじめました。

💬 アメブロとLINEブログを効果的に使い分け、楽しく発信

　私が長年の間、更新してきた「アメブロ」、そして現在使っている「LINEブログ」は、初心者でも気軽にスタートできる無料のブログサービスです。シンプルで使いやすいのが特徴で、気軽に投稿でき、毎日"日記代わり"にSNSと同じような感覚で楽しめます。読者登録やフォロー機能があるのでファンが増えやすく、「読者とのつながり」が広がりやすいと言えるでしょう。

　ただ、この２つにも違いがあるので次にまとめます。

アメブロ

- 使いやすくデザインの種類が豊富
- ユーザー数が多い（※ 2019 年会員数 6500 万人突破を発表）
- アメブロ内検索はもちろん、記事を更新するたびに新着記事一覧に掲載される機能があり、新しい読者がつくチャンスがいたるところにある
- 2020 年 4 月から独自のアフィリエイト機能が導入され、外部のアフィリエイトは不可

LINE ブログ

- フォーマットがシンプルでわかりやすい
- LINE ブログ内検索はあるが「新着記事一覧」はなし
- 「オフィシャルブロガー」になると LINE のオフィシャルアカウントから記事更新を自動で通知することができる（一般ブログの場合は LINE BLOG Reader にて LINE 通知が行なえる）
- アフィリエイトリンクを張ることは問題ないが、必ず "PR" の表記をすることがルール
- 最大の特徴はスマホでの編集に特化していること（記事の閲覧はPC からもできるが、投稿・管理はスマホ端末でしかできない。公式アカウントなら PC からも可能）

　アメブロや LINE ブログに向いているのは、SNS のように気軽にブログを楽しみたい人です。凝った文章を書くより、日常を楽しく写真で伝えたい人、ファッションやビューティーなど女性向けに発信したい人とは相性がいいです。SNS のように「いいね」機能があるため、ブログを通じて趣味の合う人とつながりを持ちたい人にもオススメできます。

　そのなかでも人気ブログになる可能性を秘めているのは、「ハワイに住んでいる」や「家の整理整頓について語らせたら止まらない！」など、**多くの女性が憧れるような属性の人や、女性に興味を持たれやすいテーマで書ける人**です。

こういったテーマは、アメブロ内の「トピックス」に選ばれやすいからです。「トピックス」として掲載されると注目を浴びやすく、アクセス数も増える傾向にあります。**その人個人を知らないたくさんの人がブログを読んでくれる仕組みがあります。**

　私の場合、長女のharu（生まれながらの病気で、あまりにも早くお空へ見送ることになった）について綴った記事は、トピックスに取り上げていただくことで6年たった今でも多くの方に読んでいただいています。彼女が生きた証を多くの方に知ってもらえることは、私たち夫婦にとってとても幸せなことです。

　この記事がきっかけで、家族とharuとの日々を綴った書籍『My Happiness Rule（マイハピネスルール）179日のいのちが教える「私の幸せ」の見つけ方』（経済界）にもなりました。

　私だけでなく、子育て日記・ファッション・ビューティー・料理など、さまざまなジャンルで人気が出ると書籍化・映画化の夢が叶うこともありえますよ。

💬 「公式アカウント」へのオファーをもらうと、より読まれるようになる

　そして、どちらの無料ブログにもある特徴が「公式アカウント」です。たとえばアメブロの場合は次の2種類の公式アカウント枠があります。

アメブロの公式アカウント
- オフィシャルブログ（芸能人枠）
- 公式トップブロガー（インフルエンサー枠）

　私は「オフィシャルブログ」「アメーバ公式トップブロガー」どちらも経験しましたが、一般ブログではじめた場合でも人気が出てくると**「公式アカウント」へのオファーをもらえる機会は十分にあります。**はじめた時期がよかったこともありますが、私がアメブロをはじめた

当時はブログを書いている芸能人もまだ少なかったです。そのため、常にオフィシャルランキングで3位前後を推移していて、**毎日約30万アクセスありました。**

「公式アカウント」になるだけでなく、アメブロに登録されているブログ内でのランキングが上位になってくると、ランキングからも見に来てもらえるので、さらにアクセス数も増えていきます。ウケを狙って記事を書いたことは今まで一度もありませんが、1番アクセスが集中した日は1日60万PVでした。私の場合は本音で想いを綴っている記事が拡散されることが多く、共感してくれた方からコメントやDMをもらうことは励みになります。

💬 読まれ続けるためには「とにかく書き続ける」

「アメブロ」「LINE ブログ」について主に紹介してきましたが、実はWordPressでも「MIEブログ（ https://mie-blog.com/ ）」を運営しています。次のように使い分けています。

LINEブログとWordPressの使い分け方
- LINE ブログ …SNS の延長のような気軽に見てもらえる記事
- WordPress……情報を求めている人がなにかヒントを得られるような情報を整理した記事

アメブロもLINEブログも、すでにつながりのある人に読まれる傾向があるので、読まれ続けるにはとにかく書き続け、SNSでシェアし続けないといけません。それに比べ、WordPressブログは記事を日記のように量産する必要はないのです。**検索でなにかを調べたいと思っている人に対して「情報度の高い記事」を書くことで「誰かの役に立つブログ」というイメージです。**

アメブロやLINEブログでは、私のことを知ったうえで見に来てくれる人が多いのですが、WordPressは私をまったく知らない人が検索を通じて見に来てくれます。「その情報を本当に知りたい」と思って

調べている人に、自分のレビューやオススメをダイレクトに伝えることができることが、アメブロ、LINEブログとは違った魅力だと言えます。

　タレントからブロガーへ転身し、現在の私を突き動かしている原動力は**「自分が体験したことや、いいと思ったことをみんなに伝えたい」**という想いです。今は誰でも自分のコトバで想いを発信できる時代です。何気なくすぎていく日常でも、ブログにすることで1つのコンテンツとなり、いつでも、誰とでも、共有することができます。楽しかった出来事を大切な思い出の記録として残していくのもいいですね。

　ブログをはじめたことで持てたつながりや、貴重な経験があったからこそ、活動の幅が広がりました。今ではブログは私のプライベートだけでなく、仕事にも大きくつながっています。ブログに書き綴ってきたすべてが、私にとって大切な資産で、とても価値のあるものですから。

　最近はSNSやYouTubeが主流になってきて、「ブログは下火になっている」と思う人もいるかもしれません。でも私は、**文章で個人がリアルに書いた記事は今後も需要があり続ける**と思っています。これからもブログで自分を表現していきたいです。

＼ ヨスからひとこと ／

　MIEさんが、わたしのオンラインコミュニティに入ってきたときは、本気でビックリしました。マネージャーさんに、頻繁にツッコまれている天然ボケのMIEさんですが、彼女のように「日記ブログ」と「情報ブログ」のどちらもうまく運用させている「両刀使い」は珍しいのではないでしょうか？

「すごい!」「誰かに伝えたい!」という気持ちを大切にする

名前 (ハンドルネーム)	ブログ名・URL
しょう	しょうラヂオ。 https://hokkaido-child.com/ まいにちキャンプ! https://mainichi-camp.com/ おやナビ!おやま https://oyama-navi.com/

プロフィール

元SEで旅とキャンプが好きな3児の母。専業主婦からブログでフリーランスへ。子連れお出かけブログ「しょうラヂオ。」、ファミリーキャンパーのためのブログ「まいにちキャンプ!」、栃木県小山市の地域情報ブログ「おやナビ!おやま」の3つのブログを運営中。

楽しむ暮らしがすべてブログにつながった!

　わたしとブログの出合いは、今から7年ほど前にさかのぼります。子どもがまだ小さく子育てで忙しい生活をしているときに、ブログをはじめました。

　もともとシステムエンジニアとして会社勤めをしていましたが、**結婚・出産を機に仕事を退職し、専業主婦になりました**。2歳差で3人の子どもに恵まれましたが、子どもが小さく子育てで目まぐるしく忙しい日々をすごしていました。そんななか、出合ったのがブログです。

　当時、住んでいた札幌では、冬の間は気軽に子どもと外遊びができ

ません。公園は深い雪で覆われてしまうからです。

　3人の子どもは0歳、2歳、4歳です。夫も仕事で忙しく、子ども3人と母1人、毎日、家のなかですごす生活は、今思い出しても大変な記憶しかありません。

　そんなときに出合ったのが、子ども向けの屋内の遊び場です。小さな子ども連れで安心して訪れることができる子育て支援センターや、子ども向けの屋内のレジャー施設など、**札幌の寒い時期は外遊びができない分、屋内の遊び場がとても充実しているのです。**

　屋内の遊び場では、子どもは体を目一杯動かして遊ぶことができ、わたしは育児の悩みを同じ子育て中のママと共有したり、保健師さんに相談することもできました。

　家で子どもと向き合いながらモンモンとすごすなか、親子で楽しめる子ども向けの施設や遊び場は、まさに救いの神！　とても助けられたのです。

誰かに伝えたいのなら「読み手の気持ちを考えながら」

　こうした体験から、こんなことを思うようになりました。**わたしのような悩みを抱えているママは多いはず……子育て世代の人に、こうした情報を伝えたい！**　でも、どうやって伝えればいいの？　そう思ったとき、ブログで発信することを思いつきました。こうして立ち上げたブログが「しょうラヂオ。(当時の名前：「子連れ日和。」です。

　札幌の身近な子連れスポットや、体験した育児の情報を紹介するブログでしたが、やがて多くの人に読まれるブログへと成長していきました。**今では累計1200万回以上読まれています。**

　ただし、いきなり人気ブログになったわけではありません。最初は、数行の文章にぼやけた写真が1枚という記事の、いわゆる日記ブログを書いていました。

　まったくアクセス数がない状態が続いたのですが、「インフルエンサーでもない自分の日記ブログを多くの人が見たいと思うはずがな

い」「誰かに伝えたいなら読み手の気持ちを考える必要があるのでは……」とごく当たり前のことに気がついてから変わりました。

「ここに行って遊んで楽しかった！」という自分目線の記事ではなく、「この記事では誰になにを伝えたいのか？　読者が知りたいことはなに？」ということを意識してブログを書くようにしていきました。

　そのときは、SEOなどの知識はまったくありませんでしたが、読み手のことを考えて記事を更新してからというもの、ブログへのアクセス数もぐんと増えていったような気がします。

　アクセス数が増えると、**ブログからの収益も発生**するようになります。最初は、数十円からのスタートでしたが、気がつけばシステムエンジニア時代に正社員で働いていたときの月収を大きく上まわるようになっていました。今は個人事業主として独立しています。

　現在は、子連れお出かけブログ「**しょうラヂオ。**」だけでなく、ファ

ミリーキャンパーのブログ「**まいにちキャンプ！**」（アウトドアアプリのソトシルの公式メディア）、そして、今住んでいる栃木県小山市の地域情報を発信するブログ「**おやナビ！おやま**」の３つのブログを運営しています。

　職業がブロガーなのはたしかですが、だからといって自分のなかで「ブログ＝仕事」という気持ちはほとんどありません。**ブログがそのまま暮らしに直結**しているからです。

　週末の公園へのお出かけや子どもと読んだ本、遊んだおも

ちゃ、気に入ったものやサービスなど、すべてブログへのインプットにつながっています。

💬 忙しい毎日のなかでブログを更新するコツ

「3人の子育てをしながらいつブログを更新しているんですか？」とよく聞かれます。

今でこそ子どもが小中学生になり、自分の時間が持てるようになりましたが、少し前までは自分だけの時間はほぼゼロに近かったですから。

子育てで忙しい生活でも、**ブログを更新するコツは、ずばり2つあります。1つは作業を細かく分類すること**、そしてもう1つは、**スキマ時間を有効に使うこと**です。

ブログを更新するという作業は、イコール文章を書くことをイメージするかもしれませんが、実はそれだけではありません。

たとえば、ブログで「写真」を掲載するために、実は次のような作業をしています。

❶ ブログで利用したい写真を選ぶ
❷ 写真を編集する（明るさの調整やモザイクの処理など）
❸ 写真をリサイズする（容量を軽くすること）
❹ スマホからパソコンへ転送
❺ 写真をさらに小さいサイズの形式へ変換する
❻ サーバーにアップロードする

もちろん、写真だけでなく、文章を書くときも、読み手の目的に沿うようにキーワードのボリューム調査や選定、構成を考える……などの細かい作業工程に分けています。

このように、作業を細かく区切っておくと、ブログの更新にとりかかりやすくなります。

「さぁ、ブログを書くぞ！」と意気込んでいても、それが3時間ぐら

いかかる作業だったら、どうでしょう？　子育てなどで忙しい生活を送っていたら、やる気も起きないですよね。そして、継続することも難しいでしょう。しかし、**作業を細かく区切っておくだけで、気持ちがとても楽になり、作業も進みます**。しかも、「ここまでできた」という達成感も得られます。

　ブログを更新するもう1つのコツは、**スキマ時間を有効に使うこと**です。「子どもが起きてくるまでの朝の15分で写真の編集だけしてしまおう」などと、ちょっとした時間を作業にあてています。

　ほかにも子どもの習い事の送迎の待ち時間、夕飯を作り終えて夕食までの時間、などのスキマ時間を有効活用しています。

　写真のリサイズをしたり、構成をメモしたり、作業を細かく区切っているからこそ、5〜10分でもブログの作業をすすめることができます。**作業の大半は、「スマホだけでできる」**というのも大きいですね。

💬 情報が集まる → 全力で楽しむ → ブログで発信する

　やろうかどうかと迷うときに、できない理由を見つけてためらうことは簡単です。でも、**行動に移してしまえば意外とあっさりとできてしまう**ことって多いですよね。

　わたしは、「そのときにしかできないこと」は、あれこれじっくり考えるよりもすぐに行動に移してしまうタイプですが、それがブログにもつながった事例を紹介します。

　夫の仕事の都合で札幌市から栃木県小山市へ引っ越してきたときに、小山市が募集している「おやま広報特派員」の案内を見つけました。引っ越したばかりで誰よりも小山市のことを知らないはずなのに、すぐに応募しました。**動機は「面白そう！」**「これから住む町をよく知りたい！」でしたが、おやま広報特派員は今年で3期目を務めるまでになったのです。この行動がきっかけで地域情報ブログ「おやナビ！おやま」を立ち上げることにもつながりました。

好きなことに貪欲になると、自分が好きなことや興味があることにはアンテナが高くなり情報が入ってくるようになります。

「情報が集まる → 全力で楽しむ → ブログで発信する」というのが今のわたしのスタンスです。

　ブログで情報を発信し続けていると、いろいろなことが起こります。雑誌に子育てのアイディアが掲載されたり、北海道のアウトドアのCMのオファーをいただいたこともありました。ブログを通して友人が増えたこともうれしいことの1つです。さらに、引っ越しの先輩として、小山市暮らしをスタートするためのガイドマップの制作にもかかわったり、地域のラジオに出演したりもしました。

　また、ブログを読んだ読者から「情報ありがとうございます！」「家族で行ってとても楽しめました！」などの**コメントをいただけると本当にうれしい気持ち**になります。そんなときは、達成感も大きいですね。

　ブログを運営していくうえで大切にしていることは、**自分自身がわくわく・ドキドキしたり、「すごい！　誰かに伝えたい」という気持ちを大切にすること**です。

　これからも、この気持ちを大切にブログを更新し、ブログも暮らしも全力で楽しんでいきたいです。

＼ ヨスからひとこと ／

　しょうさん一家がキャンプで日本縦断をしていたとき、香川県で一緒にキャンプをしたことがあります。そのときに「夢は365日キャンプ生活」と冗談まじりに言っていました。1年中、全国をキャンプしながら生活する「遊牧民（ノマド）ブロガー」なんて面白いですよね……本当になってほしい。

Profile_04

Googleに一喜一憂しない
地域メディア

名前（ハンドルネーム）	ブログ名・URL
戸井健吾（チー） と　い　けんご	アナザーディメンション https://estpolis.com/ 倉敷とことこ https://kuratoco.com/ 一般社団法人はれとこ公式ページ https://haretoco.or.jp/

プロフィール

会社員のシステムエンジニアとして約15年間勤務しながら、趣味として大好きなApple製品やアイドルを紹介する個人ブログを運営。2018年7月で退職し独立。現在は、「一般社団法人はれとこ」代表理事として、平成30年7月豪雨をきっかけに立ち上げた、地域メディア「倉敷とことこ」運営。

💬 ベースは「個人ブログ」と「運営コミュニティ」

　2018年9月に「倉敷とことこ（ https://kuratoco.com/ ）」という、地域メディアを開始しました。2020年8月時点で、記事数は200件、ピーク時のアクセス数は月間11万ページビューです。

　収益は「0円」。数字は、まったく気にしていません。 数字にとらわれず、地域愛をモチベーションに続けているメディアだからです。とはいえ、お金はかかっています。個人ブログで稼いだ利益から、1年で**「約500万円」**投資しました。

僕は2011年に開始した、「アナザーディメンション（ https://estpolis.com/ ）」という iPhone などApple製品の紹介をメインテーマにした、個人ブログを長年運営しています。**ピーク時は月間100万PV**。今は個人ブログから得られる、アフィリエイト収入をメインに生計を立てています。

並行してコミュニティ運営も行なってきました。しかし、ブログ・コミュニティ運営において、「地域情報」は取り扱っていませんでしたし、興味もありませんでしたが、そんな僕の運命を変える事件が起こります。

平成30年7月豪雨の発災

運営コミュニティの1つ「岡山ブログカレッジ」が、岡山の地方紙「山陽新聞」で紹介されることになり、災害の前日2018年7月6日に取材を受けました。災害発生で掲載が延期となり、8月に掲載されましたが、取材時に何気なく言った言葉に僕自身が驚きます。

「美観地区ブログをいつか作りたい」

発言時は「いつか」でしたが、世に出たときは「今こそ」に変わっていました。そう感じた理由は、災害ボランティアに深くかかわったことに起因します。

🗨 きっかけは「平成30年7月豪雨」と「災害ボランティア」

「平成30年7月豪雨」は、災害がほとんどない岡山県民にとって衝撃的な出来事でした。

そのようななか、わたしは「なにかやりたいけど、どうしていいかわからない」というモヤモヤを抱えていたのですが、たまたま声がかかり、**倉敷市災害ボランティアセンターの運営にかかわることになります**。ここで行った主な仕事はボランティアの受付効率化で、具体的には、Peatixというイベント集客サービスを利用し、WEB受付を導入しました。

災害支援現場はすごいところで、社会福祉協議会などボランティアセンターを運営する組織だけでなく、一般市民・全国から災害支援のプロが集まってきます。ほとんどの方は「誰かに指示されたから来た」わけではなく、使命感に駆られて集まります。

そんな人たちの「熱」を毎日目にしていると、「地元民だからできることはないのか」という焦りが生まれました。そのときに、**個人ブログの運営知識、運営コミュニティを通じて出会った仲間の力を結集して「倉敷の情報を発信するWEBメディア」**を作ろうと考えました。

- 平時は観光、グルメ情報などを発信
- 非常時は災害情報、支援情報を発信

両方の役割を担ったWEBメディア「倉敷とことこ」は、災害から2か月経過した2018年9月に開始されました。

🗨 「倉敷とことこ」の基本コンセプト

「倉敷とことこ」は「数字」を意識しない運営を行なっています。しかし、個人ブログの運営経験から、「数字の取り方」はある程度理解しているつもりです。網羅性の高い記事をたくさん書き、これらの記事を横断的に紹介する「まとめ記事」を書けば、ジャンルにもよりま

すがある程度の数字は取れます。

しかし、数字を追い続けるのはつらいです。具体的に言えば、数字が落ちるつらさです。個人ブログで痛感しました。Google検索エンジンの動向に一喜一憂し、ブログ運営の「楽しさ」を忘れ、アクセス数・収益額などの「数字を取ること」が目的化してしまいます。なので、**「倉敷とことこ」は、数字をあえて無視する**ことにしました。**「ブログ」ではなく「メディア」と位置づける、という戦略**です。

一番わかりやすい違いは、すべて「取材記事」としている点でしょうか。取材先との日程調整、確認などを行ない、「仲間作り」を行ないながら運営しています。また、編集方針も次のようにしました。

- 「掲載されてよかった」と思ってもらえる記事を目指す
- 料理などの商品、価格などの「スペック」ではなく、人に焦点をあてる
- 中立的な立ち位置とするため、「オススメ〜選」のようなまとめ記事を書かない

この方針の最大の弱点は「記事を量産できないこと」です。しかし、数字を追わないので、弱点と認識はしていますが、気にしていません。

すべて有償で仕事としてお願いする。地域愛を搾取する構造にはしない

また、「倉敷とことこ」は個人事業としてはじめたため、ライター・カメラマン・モデルなど協力いただく方には、必ず報酬をお支払いする形としました（友達価格ですが）。**「ちゃんと続けるため」**には、**地域愛を搾取する構造にしてはいけない**と思っていたので、この点はこだわりました。

災害ボランティアは基本的に無償作業です。「倉敷とことこ」は、復興支援の延長線で立ち上げたため、「災害で大変な時期だから少しでも役に立ちたい」と無償で協力を申し出る方はたくさんいましたが、お断りし、結果として1年で「約500万円」使いました。

💬 投資したお金はすぐに回収はできないが、「お金以外の財産」が増えた

「倉敷とことこ」は災害をきっかけに開始したため、時間の経過とともに「設立時の想い」は僕自身としても、少なからず薄れているかもしれません。しかし、設立時よりも今のほうが運営は楽しいです。個人ブログでは得られない楽しさ・満足感があります。倉敷がもっと好きになったし、倉敷に住んでいることに誇りを持てるようになったからです。

以前は皆無だった「倉敷の友達」も増えました。今や美観地区を歩いていれば、高い頻度で知人に会います。人に出会う機会が増えた結果として、「地域愛を持つ人は意外とたくさんいる」ということも知りました。**地域愛を持っている熱い方に、活動の場を提供できたのは、数字に表れない地域の財産です**。さらには、ビジネス面での展開も増えてきました。

* 前職企業「ピープルソフトウェア株式会社」との提携強化（2019年〜）
* 「一般社団法人高梁川流域学校」の理事に就任（2020年6月〜）

投資金額「500万円」の回収の見込みはありません。しかし、僕の想いや行動に共感し、支援してくれる仲間が広がっていくことで、**「お金以外の財産」が増えたことを実感しています**。

💬 「くらとこ」で目指していること

もともと地域愛は薄かったので、「倉敷とことこ」の開設は目標ではありませんでした。しかし、開始にあたって決意していたことがあります。

それは、**「ちゃんと続けること」**。「覚悟」とも言えるかもしれません。個人ブログ運営と決定的に違うのはここでしょう。せっかく時間をとってもらい制作した「地域愛を結集して作ったコンテンツ」が、個

人ブログの収益減・飽きたなど、僕の個人的理由で閉鎖されるのは地域の損失だと思うからです。

　人はいつかは死にます。個人ブログなら同時に閉鎖でもよいでしょう。しかし、地域は残ります。だからこそ地域メディア運営は「ライフワーク」になると感じています。なぜなら、この**仕事には「終わり」**がありません。**法人化した、100万PV達成、月収100万円達成は、ゴールではないのです。**

　このため、地域メディア運営のみで持続可能な仕組みとすることを目的に「一般社団法人はれとこ」を設立しました。**はれとこのミッションは、「わたしたちの街が好き」と言える人を増やすこと。**この活動を続けるなかで、自分自身はもちろん、地域にとってもお金ではない財産が増えると思うからです。

　ブログにはお金を稼ぐ以上の可能性があることを、「倉敷とことこ」の運営を通じて実感しました。背伸びをする必要はありません。他者・世のなかに役立てることに目を向けて、そのなかで「今」自分のできることを考えて行動すれば、自分自身の世界は想像以上に広がるはずです。

　地域メディアだけでなく、ブログにはそんな魅力があります。

＼　ヨスからひとこと　／

　チーさんとの出会いは、わたしが「岡山スマホユーザー会（彼が主催している岡山のコミュニティ）」に参加したことがきっかけです。ブログをはじめて間もないころからの長いつき合いですが、いつになっても「次はなにをやってくれるんだろう？」ということが読めない面白い人です。

ブログスキルの要点は
「究極のお客さま対応」

名前（ハンドルネーム）	ブログ名・URL
本橋へいすけ 	愛しの糸島ライフ https://www.motohashiheisuke.com/ 本橋へいすけオフィシャルサイト https://heisukemotohashi.com/ YouTubeの公式チャンネル https://www.youtube.com/user/soees335/

プロフィール

WEBコンサルタント。移住を機にはじめたローカルブログが1年間で月間12万PVとなり、TV、新聞など多数のメディアに取り上げられる。その後、WEBコンサルタントとして独立。書籍『KPI・目標必達の動画マーケティング 成功の最新メソッド 』（MdN社）を出版。オンラインサロン「for you」運営。

📑 ブログのおかげで人生が変わった

　ぼくは現在、WEBコンサルタントとして個人、法人、官公庁向けに講演やコンサルティングを行なったり、フリーランスや起業家向けにブログやSNSの活用方法を学べるオンラインサロン「for you」を運営したりしています。2019年にはMdN社より『**KPI・目標必達の動画マーケティング 成功の最新メソッド** 』を共著で出版しました。

　月に10日間くらいは国内や海外を旅して、20日間は今住んでいる福岡県の糸島市という海のそばで暮らしています。旅も糸島も大好きなので自分にとっては最高のライフスタイルです（※この記事は新型

コロナウイルスの感染が拡大する前に書かれたものです）。

WEBコンサルタントをしていると「もともとWEBが得意だったんでしょ？」「WEB関連の仕事をしていたんでしょ？」と言われますが、**実はWEBは苦手でした。**

会社員時代は保険の仕事をしていて、ブログをはじめたときは気合いを入れて月に50本は記事を書いていたのですが、まったく結果が出ず、心が折れかけました……。

そんなぼくでも**ブログの正しい運用方法を学ん**だことで、次のような展開が広がったのです。

- 運営するローカルブログが1年で月間12万PVになった
- ブログをきっかけにTV、雑誌、新聞に取り上げられた
- WEBコンサルタントとして独立した
- インスタグラムはフォロワー1万人を超えた（2つのアカウントで）
- YouTube、TikTok、Twitter、Facebookなど、すべてのSNSでそれなりの結果を出した

まさに、ぼくの人生はブログのおかげで変わりました。

TVに取り上げられること、インスタやYouTubeなどのほかのSNSでフォロワーを増やすことは一見ブログに関係ないように感じるかもしれませんが、すべてに**ブログで培ったスキルを応用している**だけなのです。それは誰かが検索したときに、自分のブログを検索したページの上位に表示させる「SEO」というスキルです。

💬 なぜブログのスキルを身につけると、すべてがうまくいくのか?

　SEOスキルが身につくことは、ブログへのアクセスが増えるだけではありません。ぼく自身の経験では、TVや雑誌などのメディアで取り上げられたことにもつながり、ブログ以外のSNSやビジネスもうまくいきました。

　なぜでしょうか?　それは、**SEOとは言い換えると「究極のお客さま対応」**だからです。

　世のなかにはいろいろなSEOのノウハウがあふれていますが、SEOの本質は「徹底的にお客さまに寄りそう」ことだとぼくは考えています。SEOに向き合うということは、次のことに深く向き合うことになります。

- それは世のなかの需要があるのか?
- 世のなかの人はなにに困っているのか?
- それを説明するのに過不足なく情報を網羅できているか?
- その説明にわかりにくい／不親切な箇所はないか?
- 競合は多い／少ないのか?　競合は強い／弱いのか?
- 自分にはその情報を提供できる知識や経験があるのか?
- 自分にその情報を提供する熱量／語る資格はあるのか?

　つまり、SEOを理解すると、対象をブログ以外に変えてもうまくいくのです。たとえば雑誌に取り上げられたければ、次のように考えます。

- その雑誌はどういう記事をよく特集しているのか?
- その雑誌を作る人はどんな情報を探しているのか?
- 雑誌の誌面にどんな記事があればいいか?
- 「その雑誌の読者が読みたいのに、今までにない記事」はどんな切り口だろうか?

SNSでフォロワーを増やしたいのなら、次のように考えます。

- どんな投稿が伸びやすいのか？
- どんな内容がそのSNSでニーズがあるのか？
- 同ジャンルで発信している人気アカウントはあるのか？
- 同ジャンルの競合は多い／少ない？　強い／弱い？

このように、「記事を書く前に、SEOを意識してリサーチを行なう」のと同じ要領でやると、成功確率はかぎりなく高くなります。

ぼくもブログをはじめた当初はとても苦労しましたが、ほかのSNSのフォロワーの数を伸ばしたり、会社員から独立する際は、最初から比較的うまくいきました。日本酒が好きすぎて「そうだ、日本酒を仕事にしよう！」と思い、**1年半くらいで仕事になっていったのもブログで培ったマーケティング力**のおかげです。

📱 どうやってブログスキルを身につけたのか？

月に50本ものブログ記事を書いてもまったく結果が出ず、ダメダメだったぼくが、どのようにしてブログのスキルを身につけたのか？

まず、自分自身を分析しました。「月に50本ブログを書く」ということは、まわりを見てもこなしているほうだったので、やり方が間違っていると確信したのです。

そこで、**ブログ運営についてちゃんと学ぶ**ことにし、ブログやWEB系のオンラインサロンに一気に4つかけ持ちで入り、ブログ書籍や有料noteなどを片っ端から読みました。

ヨスさんとの出会いも、そのときにヨスさんが運営するオンラインサロン「ヨッセンスクール」に入ったのがきっかけです。ヨスさんによる「本気の添削」で、ブログのスキルを大きく育てていただきました。これは、自分が書いた渾身の記事を月間100万PV以上あるヨスさんが本気で細部にわたって添削してくれるものです。

ブログのノウハウをある程度学び実践していたころで、正直提出する前はそれなりに自信はあったのですが、ものすごい数の改善すべきフィードバックがきました。そのフィードバックで「あ、読者の方から見たら不親切だったな、この情報足りなかったな、わかりにくかったな」とはじめて気づくことが多かったです。

　「量をこなすブログ運営」ではない「正しいブログ運営」を学んで実践していくうちに、毎月ブログのアクセス数が 1 万 PV ずつ増えるようになりました。そして、開設したローカルブログ「愛しの糸島ライフ」が 1 年で月間 12 万 PV になったのです。目に見えて結果がついてきて、本当に楽しくなりました！

🗨 ブログを続けるには「想い」が必要

　ブログをはじめるきっかけとして、「広告収入を得るため」という方が多いかもしれません。でも、**お金だけを目的にしていたがために継続できなくなってしまう**、という人をたくさん見てきました。
　だからこそ、お金以外の**ブログをやる「想い」があるといい**と思うのです。ぼくもブログをはじめるときに、もちろん「ブログが収入となればいいなぁ」と思っていましたが、それよりも強い想いが 3 つありました。

❶ 当時、全国的にはまだ知名度が低かった糸島を多くの人に知ってほしい
❷ 糸島で出会った素敵な人たちを紹介したい
❸ 会社員のための移住情報がなかったので自分が発信したい

　大前提として、ぼくが実際に移住して好きになった糸島を、もっと多くの人に知ってほしいという強い想いがあったのです。糸島で出会った素敵な人たちを紹介したいと思ったのですが、当時は自分のブログの影響力がなさすぎて不甲斐なくて、情けなくて……そんな自分

に悔しい気持ちでいっぱいでしたが。

　でも、月にブログ記事を50本書いても**まったく結果が出なかったの
に継続できたのは、「自分以外の人を想う気持ち」**があったからだと
思います。自分1人だけのためだったならがんばれなかったでしょう。

　ぼくが糸島に移住したときはちょうど地方移住のブームでしたが、
田舎暮らしの雑誌で見かける移住成功者は、「自分で仕事を作れる人」
だけでした。でも、田舎暮らしをしたい人の9割はふつうの会社員で
す。当時のぼくのように、手に職がない会社員の人にとっては、今で
も田舎暮らしは相当ハードルが高いと感じます。

　そんななかでも都会との距離が近い「とかいなか」な糸島は、会社
勤めをしながらも田舎暮らしを満喫できるのでリスクの低い田舎暮ら
しの第一歩としてオススメできます。当時のぼくのように、**「田舎暮
らしはしたいけど……と、地方移住をあきらめていた人に届けたい！」**
という想いを伝えるために、ここまでブログが継続できましたし、こ
れからも続けていきます。

　ブログへの「想い」があれば、ブログ運営につまずいたとき、悩ん
だとき、停滞したときに、続ける燃料となってあなたを後押ししてく
れるはずです。

　ぜひ、ブログに「想い」を込めてみてください！

＼　ヨスからひとこと　／

　コラムで触れられている「本気の添削」の話は、「検索で1位にな
りました！」という報告とともによく覚えています。旅をしながらお
酒ばかり飲んでいる印象（？）が強いへいすけさんですが、分析する
能力が高いので、なにをしても仕事につなげられるんですよね。次は
どのSNSを攻略するのだろう。

お坊さんブロガーとして
「仏教の話」をわかりやすく伝える

名前（ハンドルネーム）	ブログ名・URL
三_み原_{はら}貴_{たか}嗣_{つぐ}（へんも）	へんもぶろぐ https://henmo.net 善照寺公式ページ https://zensho-ji.or.jp 布教使.com https://fukyo-shi.com

プロフィール

真宗興正派善照寺21代目住職。20歳のころに出合った直径5cmほどのお手玉を足で操る「フットバッグ」というスポーツのフリースタイル部門で通算7回の日本チャンピオン。へんもぶろぐは月に10万回ほど読まれるブログに成長。2020年に「布教使.com」を開設。

お坊さんブロガーとして「仏教の話」をわかりやすく伝える

　こんにちは。約400年続く真宗興正派のお寺、善照寺の21代目住職をしている三原貴嗣です。……と、こんなふうに書くと、いかにも気難しくとっつきにくそうな印象があるかもしれませんね。そんな私は、本格的にブログを書きはじめ、2020年9月で5年になる「ブロガー」としても活動しています。ブログだけでなくSNSやYouTubeでも仏教的な考え方や生き方、ライフスタイルについて積極的に発信しています。

一般的なお坊さんのイメージというと「お経を唱える」「座禅」「修行」でしょうから、お坊さんがインターネットを駆使する姿はギャップを感じるかもしれません。

勘違いされることもありますが、お坊さんの役割は古いしきたりを守ることではありません。ズバリ「仏教を伝えること」なのです。

つまり、**たくさんの人に「考え方」や「教え」を伝え、いきいきとした人生をすごせる人を増やすことが大切な仕事で、その役割を果たすのにブログは最高の道具**なのです。

インターネットが登場する前は、仏教の教えを伝える方法は次の3つぐらいしかありませんでした。

- 実際にお寺に来た人にお話をする
- 書いた文章を印刷して配る
- 本を出版する

お寺の本堂に入れる人数にはかぎりがありますし、紙を印刷・郵送するのにはコストがかかってしまいます。本の出版ともなるとかなりの労力がかかりますし、そもそも誰もができることではありません。

インターネットで大きなコストをかけずとも世界中の人に情報を届けられるようになりましたが、**まだまだネット上では仏教に関する専門的な情報が少ないのが現状です。**

もちろん、宗派の本山などが運営するサイトでも教えの解説

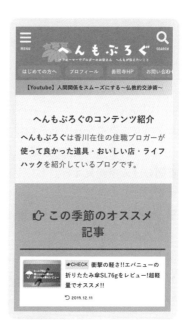

が掲載されてはいます。でも、どうしても正確さが求められ、「格調高い表現」を使う必要があるため、書いている内容が難しい表現になってしまいます。

そこで私は、もっと気軽に「仏教の読み物」として楽しめるように、「LINEでわかる歎異抄（https://henmo.net/line-tannishou/）」というシリーズ記事を書きました。

難しくて敬遠しがちな仏教書をLINEの会話のような形で表現することで、気軽に学んでもらえるものにしたいと考えたのです。おかげさまで、たくさんの人から「面白い」「わかりやすい」といった声をいただいております。

📱 教えは人を通して伝わる

私は教えを伝えるときに「書いている人の人柄が伝わること」が、大事な要素だと考えています。中国の「善導大師」という昔のお坊さんが書いた『往生礼讃』という本に、「自信教人信」という言葉が出てきます。

簡単に訳すと、「まず自分が教えをしっかりと味わって喜び、また学んで得た喜びをシェアして人に伝えましょう」ということです。

お坊さん本人が「仏教の教え」を聞いて味わい、その教えによって「私はこんな生き方をしているんですよ」と自分の言葉でブログに書くということに意味があるのです。

つまり、**ブログは21世紀の「布教伝導のツール」としても、伝える側の「人柄が見える」という点でもすぐれています**。さらには、ブログを通じて、プライベートや生活感が垣間見えることで、縁遠いと思っていたお坊さんにも親近感を抱いていただけると思っています。

私の場合、僧侶とは別に「フットバッグ」という競技の「スポーツ選手・パフォーマー」という顔があります。このことも興味を持ってもらえる要素の1つですが、法事のときにパフォーマンスを見せるわけにもいかないですよね。そんなとき、ブログを通して活動や生き方を見ていただくことで、**信頼が高まり話を聞いてもらいやすい関係作**

りにつながっています。

📝 檀家さんとのコミュニケーションツールとして

　私はお参りに行ったときに、檀家さん（そのお寺に属し、寺院運営をサポートする家）からよく聞かれる質問があります。そして、その質問に対する回答をブログに書くようにしています。

　たとえば、次のような質問は非常に多いです。

- お仏壇を迎えるときはどうしたらいいの？
- 線香はどうやってお供えしたらいいの？
- 法事のときに仏壇はどうやって飾ったらいいの？

　今まで何度も質問をいただき、何度もお答えしてきた内容を、ブログ上で解説するのです。**くわしい解説を一度書いてしまえば、あとはその記事のURLを伝えるだけでたくさんの人に伝えられることがブログのすばらしい点**でしょう。

　はじめは「ブログに情報を載せても年配の人がネットで見るのは難しいのではないだろうか？」と感じていました。ところが、スマホが普及するにつれ、だんだん年配の人たちにも見てもらえるようになっていきました。

　お孫さんや家族との連絡にLINEを使うためにスマホを持つようになり、そのスマホの使い道の1つとして「私のブログを読む」という方もいます。

　検索でブログにたどりつくことが難しい人もいらっしゃるので、お寺から送る**「法要の案内状」に、記事へアクセスできるQRコードを印刷して、読み取るだけで記事を読めるような仕組み**も作りました。

　しかも、うれしいことに仏教に関する困りごとを解決するだけでなく、美味しいお店を紹介した記事などもあわせて読んでいただくことも多いのです。お参りに行ったときに「あのブログで紹介していたお店行きましたよ〜」など、話題が広がることもよくあります。ただ「教

えるため」だけではなく、**ブログが「コミュニケーションツール」の１つとしても役にたっています。**

💬 イベントレポートでお寺の活性化

ブログはお寺の活性化にも、とても力を発揮してくれています。善照寺ではコンサート・勉強会・合宿・ワークショップなどいろいろな活動をしてきました。しかし、ブログを書きはじめるまでは、どんなイベントを企画しても「その場かぎり」で終わってしまうものがほとんどでした。イベントの関係者だけが楽しさを知っていて、それ以外の人にはなかなか情報を伝えることができていなかったのです。

でも、ブログを書きはじめてからは、イベントの活気が大きく変わりました。ブログのなかに**「イベントレポート」をしっかりと書くことで、イベントの現場の雰囲気や内容をくわしく伝えることができる**からです。まだ参加したことがない人たちに向けて、お寺が活動していることを臨場感いっぱいに紹介できるようになりました。

イベントレポートを見た人からは、「次はこんなことをやりたい」「私もこんな企画をしたいんですけど相談に乗ってもらえますか？」などの問い合わせが来るようになりました。

「告知」→「集客」→「イベント開催」→「レポート」が、次の「イベント企画」「告知」「集客」につながっていく好循環がブログの力によって生まれたのです。

💬 お寺とネットの新しい形（「布教使.com」を開設）

私個人のブログ、お寺の公式サイトだけでなく、2020 年 7 月 1 日には「布教使.com（ https://fukyo-shi.com ）」というサイトも立ち上げました。このサイトは、僧侶のなかでも「法話」を専門にしている人を探せるサイトです。簡単に言うと、**「仏教の話を聞きたい人」と「お話のできるお坊さん」をマッチングさせるサイト**ですね。

実は、寺院や一般企業や学校、地域のコミュニティなどで「講演を

してもらえる講師」を探すのはなかなか難しいという現状があります。そんなときに、講話のできる僧侶を地域・宗派・話題などから検索し、登録している僧侶に直接連絡が取れる仕組みを作ったのです。

直接、私自身が「教え」の内容をブログに書くという方法ではなく、教えを広める「仕組み」を、ブログ運営で培ったスキルを使って制作しました。これもインターネットを利用し、「仏教×ブログ」のかけ合わせでできた新しい「縁のつなぎ方」です。

歴史の持つ重みや宗教的場所としての「敷居の高さ」を保つこともお寺の価値です。そのため、なんでもかんでも敷居を下げればいいというわけではありません。**敷居は高いままでありながらも、スロープをつけて通りやすくしてくれるような、そんな役割をしてくれるのがブログ**だと思っています。

お寺が人々の役に立てる場所として、また学びの場所として機能し続けるために、21世紀という時代に応じた形で、これからも発信していきたいと思います。

＼ ヨスからひとこと ／

へんもさんは、フットバッグで日本一だったり、サーカスに出演していたり、整体ができたり、ウクレレが弾けたり、デザインができたりと、謎のお坊さんです。家が近いこともあって、「へんも寺」には頻繁に遊びに行っていますが、「これぞ21世紀の開かれたお寺」だと思います。

ブログがすべての
生活を変えた！

名前（ハンドルネーム）	ブログ名・URL
粕尾将一 （縄のまっちゃん）	なわとび1本で何でもできるのだ https://shoichikasuo.com/
	なわとびレッスン.com https://nawatobi-lesson.com/
	日本なわとびアカデミー公式ページ https://nawatobi-academy.com/

プロフィール

元シルク・ドゥ・ソレイユアーティスト。なわとび競技2009年アジアチャンピオン、一般社団法人日本なわとびアカデミー代表理事。日本ロープスキッピング連盟副会長。書籍『どの子も夢中になる「なわとび学習カード」』（明治図書出版）を出版。

📕 ブログの可能性と楽しさに取りつかれる日々

　元シルク・ドゥ・ソレイユアーティスト、なわとびパフォーマーの粕尾将一といいます。今は一般社団法人日本なわとびアカデミーの代表理事として、定期レッスンを開催するだけではなく、全国の小学校になわとびを教えに行ったり、イベントに出演したりしています。自分は**出演依頼のほとんどをブログ経由**でいただいていて、さらに教室の生徒の集客にもブログで培った知識とノウハウを使っています。

　自分がブログをはじめたのは高校2年生のころで、まだインター

ネットが出はじめたばかりの
2002年でした。インターネットの可能性が今ほどは広がっていない時代でしたが、**なわとび競技のことを知ってほしくて発信しはじめました。**

しばらくすると記事にコメントがつくようになり、とある小学校の先生から「子どもたちになわとびのパフォーマンスを見せてほしい」という依頼が入りました。好きで発信していたブログが、まさか仕事につながるとは思っていなかったので、驚いたのをよく覚えています。今思えば、よくわからない高校生

に仕事を依頼してくれた先生もスゴイですけどね。

ブログを通して小学校から依頼をいただいた経験から、ブログの可能性と楽しさに取りつかれました。日課のようになわとびの練習方法、出張指導の様子など、日々の気づきや発見を記事にまとめて発信を続けていきました。

すると、**小学校からブログ経由で仕事がどんどん増え続けていき、**一時期は年間で100か所以上の小学校を訪問するようになりました。このときはすでに口コミで噂が広がり、直接ブログにアクセスして問い合わせてくれる先生が増えていました。

ブログと連動させたYouTubeからまさかの展開に……

また2006年ごろ、「ブログで視覚的になわとびを伝えたい」と考えて、YouTubeをスタートしました。投稿した動画は全部、ブログ内に

貼りつけるという目的で、ブログを充実させる補足レベルで考えていたのですが、2009年に信じられない話が舞い込んできました。それは、**世界的サーカス集団「シルク・ドゥ・ソレイユ」の常設ショーに専属契約で出演するという話**だったのです。

　なんと、スカウトの人が自分のYouTube動画を見て連絡をくれたのです。軽い気持ちではじめたYouTube動画が、まさかシルク・ドゥ・ソレイユのスカウトにまでつながるとは夢にも思っていませんでした。

　アメリカに渡り、シルク・ドゥ・ソレイユに出演するようになっても、ブログは続けていました。ショーは1日2回の90分ずつです。パフォーマーと言いつつ、定時出勤のサラリーマンのような生活をしていました。仕事としての練習やトレーニングはありましたが、スキマ時間にブログを書き続けていました。ブログをやめようと思えばやめられたのかもしれませんが、シルク・ドゥ・ソレイユという「特殊な場所にいること」を発信することに意味があると考えました。日本人がほとんどいない世界だったうえに、情報が極端に少ない業界です。これから世界を目指す後輩たちにとって、**自分が発信する情報が少しでも役に立てばいいと。**

　また、この時期に1つの記事が盛大にバズる経験もしました。「はじめて逆上がりが出来た女の子：成功後の一言が指導者を撃ち抜く」という運動指導のジレンマを紹介した記事がSNSでバズり、**1日で30万人、1か月で100万人近くの人に読まれる経験**をしました。バズるのを狙って書いた記事ではありませんでしたが、鳴りやまない通知の嵐にブログのすごさを実感した出来事でした。

　この経験でさらにブログの魅力にハマり、パフォーマー＆ブロガーという二足のわらじで発信を続けました。そして、この二足のわらじが後々の自分を助けてくれることになったのです。

💬 ブログが独立後の生活を支えてくれた

シルク・ドゥ・ソレイユは厳しい契約世界です。実力だけでなく契約内容によって、いきなり仕事がなくなる可能性もあります。自分も2015年のある日、出演しているショーからなわとびの演目がなくなることを理由に突然、契約満了が言い渡されました。ほかにも何度も似たような光景を見ていたので、本当に厳しい世界だということを痛感しました。

シルク・ドゥ・ソレイユとの契約がなくなってからも、**ブログでの出会いや仕事、培った知識とノウハウを頼りに、スムーズに独立することができました**。とくにパフォーマーのような雇用関係や収入が不安定な仕事では、ブログという自分自身の城を持っているというのは強いです。ブログでの出会いとつながりがあれば、困ったときに仕事を生み出しやすくなります。

実際に、自分も契約満了で帰国したわずか1週間後にはヨスさんと会っていました。今考えてもありえないスピード感です。ヨスさんとの出会いをきっかけに、リアルで有名なブロガーの方とお会いする機会も増え、2016年7月から「ノマド的節約術」の松本博樹さんにスポンサーをしてもらうことになりました。**ブログを続けていたからこそ、シルク・ドゥ・ソレイユとの契約満了の帰国後もなんとか生きてこれた**のだと思っています。

帰国後に立ち上げた一般社団法人日本なわとびアカデミーの集客も、ブログで行なっています。最初は4人からスタートした教室でしたが、ブログ経由でたくさんの生徒が集まってきて、今では6クラス50名超の生徒に教えています。

教室事業は集客が大変と言われますが、ブログでコミュニケーションが生まれていたことで口コミが広がりやすく、広告費をほとんどかけることなく生徒が集まってきています。ちなみに2018年には教室の生徒からジュニア世界チャンピオンが誕生し、いくつものメディア

に取り上げてもらいました。もちろん、メディアの取材依頼もすべてブログからです。

💬 ブログのいいところは、人となりが見えること

新型コロナウィルス感染症の影響で、2020年4月から「オンラインなわとび教室」を実施しています。タイミングがよくテレビ局やメディアの取材も多く来ましたが、実はサイトを作ったり情報収集をしたりなどは、**すべてブログで身についた知識やノウハウ**を使っています。

ブログは、もちろん記事を書くことがメインですが、ブログ周辺の調整や管理も大切です。「思い通りのデザインにしたい！」「カッコいいサイトにしたい！」と思えば思うほど、知識が広がってノウハウは蓄積されていくのです。サーバーを借りてドメインを取得して、ゼロからWordPressでブログを立ち上げる、なんてこともできるようになりました。

ブログの可能性は、ときに書いている本人の想像を遥かに超えていきます。 ただの高校生だった2002年から、想像できないほど人生が変わり、世界のエンターテインメントの舞台にまで立たせてもらいました。契約満了で失意のうちに帰国したあとも、素敵な出会いに恵まれてなんとか生きてくることができました。

ブログのいいところは、書いている人の人となりが見えることです。「あぁ、この人は○○が大好きなんだろうなぁ」ということが伝わりやすいのです。自分ならなわとびに関しては誰よりも情熱を持って記事が書けます。1000文字でも1万文字でも書くことができます。こうした情熱や愛情がブログから伝わって、オンライン上でコミュニケーションが生まれ、さらに出会いや仕事が生まれる……。ネットには情報があふれていますが、**情熱と愛情が伝わるツールはいまでもブログが一番だと思っています。**

2020年でブログを続けて18年目になりました。ブログの過去記事

を見ると懐かしい気持ちにもなり、まだまだ新しい出会いに満ちている大切な場所です。

　そうそう、シルク・ドゥ・ソレイユのトレーニングでカナダにいた2010年ごろに、ブログに興味を持って連絡してきてくれた人がいました。彼女はカナダにワーキングホリデーとして滞在していて、同じ地域に住んでいる日本人を探していてたどりついたのが自分のブログだったようです。ブログで人となりを知ってくれていたことで、すぐに意気投合し、カナダではじめてできた現地の友人になりました。そして、なんと**そのまま彼女は自分の生涯の伴侶となった**のです。過去を思い返してみても、メインブログの名前である「なわとび１本で何でもできるのだ」も、「ブログのおかげでなわとび１本でなんでもできたのだ！」が本音です。

　自分の原点となり、人生を助けてくれたブログはこれからもずっと続けていきます。

＼ ヨスからひとこと ／

　粕尾さんと最初に出会って衝撃だったのは「六重跳び」という、想像のはるか上をいく「なわとび技」を見せてもらったことでした。粕尾さんは、「ブログのおかげで今がある」と言っていますが、その根底にあるのが彼の「行動力」であることをわたしはよく知っています。

おわりに

ブログが人生に変化をもたらす

　本書を最後までお読みくださり、ありがとうございました。

　序章で、わたしがブログを「開設した翌日に一度はやめていた」という話をしました。繰り返しになりますが、その4か月後にブログを再開したからこそ、今のわたしがあります。ブログを続けていなければ、本書を執筆することもありえなかったでしょう。

　「書籍を出版すること」は、目に見える「成功の形」として非常にわかりやすいものです。しかしながら、書籍の出版は**ブログがわたしの人生にもたらした変化のほんの一部**にすぎません。ブログを書き続けたことによって、わたしの生活スタイル自体が劇的に変わったからです。

　わたしは、ブロガーになる前は会社員でした。いわゆる「外で働く」という生活スタイルですが、「子どもといる時間が減ること」が悩みの種でした。わたしには愛するパートナーと、3人の愛する子どもたちがいます。わたしは自他ともに認める子煩悩なので、**会社員をしていたころは1秒でも早く帰宅して子どもの顔が見たかった**のです。

　そんな生活を変えたきっかけは、もちろんブログをスタートしたことです。ブログを柱にすることで「働く場所を自由に選べる生活」を手に入れることができました。

　2019年には、**若いころからの夢だった海外生活を半年間ですが実現する**こともできました。たとえば「海外で半年間すごしたい」と思ったときにネックになるのは仕事でしょう。半年も仕事を休むなんて、現実的ではないですよね？　でも、「パソコン＋インターネット」という条件があればどこでも仕事のできる「ブロガー」というライフスタイルのおかげで実現できたのです。

ブログをはじめてから「出会う人」も変化しました。わたしが勤めていたのは優秀な人の多い会社でしたが、新しい出会いはほとんどなかったのです。ところがブログを続け、**狭くても「特定の分野」で名前が知られるようになる**につれ、思ってもないような話が飛び込んで来るようになりました。

　新聞社から取材を受けたり、テレビに出演したりしたこともあります。元スカイマーク社長の西久保愼一さんから「会ってください」とブログのお問い合わせフォームから突然連絡があり、自家用飛行機に乗せてもらうという「いや、嘘だろ！」と思うような体験もしました。

　ほかにも、ブログをやっていなければ出会えるはずのない人と何人も知り合うことができました。ちなみに、今現在仲良くしている友人のほとんどがブログを通じて知り合った人です。

　……と、こんなふうに書きはじめた「おわりに」ですが、カッコよく書きすぎですよね。「ブログをスタートしたから今がある！」のようにカッコつけて言っていますが、そんなことを言えた義理ではありません。

　だって、わたしには先述したように**「はりきってはじめたブログ」を１日でやめてしまった「前科」**があるからです（笑）。わたしの運営するオンラインコミュニティでも、わたし自身が１日でやめたのに「ブログの更新をしましょう！」とエラそうに言っています。でも、そんなダメダメなわたしだからこそ、こう言えるのかもしれません。

ブログは「続けること」よりも 「やめないこと」のほうが大切だ！

「ブログ放置期間」があっても、再開すればいいのです。忙しくて１年間ブログが書けなくても、やめなければいいのです。やめなければ、なにかにつながる可能性がゼロにならないのです！

　本書では、自分の「好きなこと」「得意なこと」「興味のあること」を書くようにしつこく繰り返してきました。覚えていますか？　なぜわたしがこの３つにこだわるのかというと、**ブログが続く可能性がアップする**からです。「その先に面白いことが待っている」と思って

いても、それでも大変なのがブログを継続することだからです。

　ブログの執筆は「長期間継続すること」なので**楽しく書けないと続かないでしょう。**

　わたし自身、ブログを書くのが楽しくてたまりません。気をつけないと睡眠時間を削って体調を壊してしまいかねないほどの楽しさです。「結果が出ているから楽しいんだろ！」と言われそうですが、順番は逆です。

　楽しいから継続でき、継続できたからこそ結果が出たのではないかと思っています。わたしは若いころ、『ドラゴンクエスト』や『ファイナルファンタジー』というゲームに人生を捧げるほどハマっていたのですが、今のわたしにとってそれ以上に楽しいのがブログです。

　最後になりますが、ブログをはじめたころ（厳密には４か月の放置期間ののちブログを再開したころ）、**わたしがブログを継続するために心を支えてくれた書籍があります。**

　それは、本書で監修をしていただいている染谷昌利さんの『ブログ飯 個性を収入に変える生き方』（インプレス）です。言うなれば、わたしの人生を変えた書籍です。そのような方と、本書を通して一緒に仕事ができたということも、ブログがなかったら実現できていなかったはずです。

　わたしのブログライフを支えてくれた染谷さんからバトンをいただき、**今度はわたしが本書であなたのブログライフを支える番**です。ぜひバトンを受け取っていただき、ブログを生活の柱の１つにして面白い人生を築いていってください。

2020 年 9 月
プロブロガー ヨス（矢野洋介）

追伸

　本書では「ブログの1記事目はプロフィールを書こう」と書きましたが、2記事目でも100記事目でもいいので、本書の感想もぜひ、ネタにしていただければうれしいです。

　もし書いてくださった書評記事をわたしに教えていただければ、**必ず読みます**。もしかすると、ブログのページ（ https://yossense.com/review-cgtb/ ）で紹介させていただくかもしれないので、ぜひ書かれたときはご連絡ください！

書評を書いたら
こちらから
お知らせください♪

監修に寄せて

　ここまで本書をお読みいただき、誠にありがとうございました。

　本書の監修依頼が来たとき、私は1つのポイントを意識して書籍を創っていこうと決めていました。それは、読者が自分の頭で考えて、自分にとっての成功パターンを見つけ出してもらう手助けになる書籍にしたいということです。

　ブログ運営の方法や目的は、人それぞれ違います。もちろん、正解もたった1つではありません。世のなかにはたくさんの成功パターンがあふれています。さまざまな成功パターンを学ぶことで、そのなかから「自分にとっての正解」を選択することができるようになります。

　ブログは、みなさんの人生を変える最高のツールです。情報を発信することで、自分の望む未来を自分の力でたぐり寄せることができます。現に私がそうでした。著者のヨスさんもそうです。みなさんにも当てはまると信じています。

　私の現在の仕事は、ブログの運営による広告収入だけでなく、書籍の執筆、コミュニティ（スクール）の運営など多岐にわたっています。もちろん、これらの仕事は最初から発生していたわけでなく、私は普通の会社員でした。ただ一般的な会社員と大きく1つ違っていたのは、淡々と何年間も情報発信を続けていたことでしょう。

　ブログを書き続けている人からすると意外と気づかないかもしれませんが、発信できる、文章が書ける、人前で自分の考えを述べられる、SNSを使いこなせる、というのは立派なスキルです。世のなかの大多数の人は、平然とした顔でそんなことはできません。

自分の能力を高めたい、もっと豊かな暮らしをしたい、人脈を広げたい、仲間を増やしたい、老後のために蓄えを増やしたい、などなど。ブログをはじめる理由や目的は、人それぞれ違います。ポジティブな気持ちで情報発信に取り組むことも、ネガティブな恐怖心から副収入を得ようと考えることも自由です。

　新しいなにかをはじめるのか、現状のままの生活を続けるのか、選ぶのはあなたです。

　「もう40代だから」「もう50代だから」と尻込みする人もいるでしょう。いまさら情報発信をはじめても遅いという不安や疑問を持つ人もいるでしょう。
　安心してください、手遅れなどということはありません。最初はみんな初心者です。スタートしようと思ったタイミングが、あなたの人生のなかで一番若い時期です。

　あとまわしにすればするほど、選択肢は狭まります。本書で解説しているブログ運営術であれば、勇気なんて必要ありません。あなたに必要なのは知識と、ちょっとだけの行動力です。ぜひ一歩、前へ踏み出してみてください。

　その一歩のきっかけが本書になれたのであれば、これほどうれしいことはありません。

2020年9月
染谷昌利

謝　辞

本書の出版に関してお世話になった皆様、ありがとうございました。

原稿を書く際にアドバイスに乗ってくださった監修の染谷昌利さん、日本実業出版社の担当編集者さん、本当にお世話になりました。担当編集者さんが、「ヨスさんのイラストはかわいいから、ぜひ本書で使いたい」と提案してくださったことで実現できました。実は、3歳のころから絵を描くのが好きだったわたしにとって、自分の描いたイラストが本に掲載されることは1つの夢でした。それが本書によって実現したのです。

本書で紹介させていただいたブログ運営者のみなさん。「ぜひ掲載させてください！」という急なお願いに快く応じてくださり、ありがとうございます。

わたしの運営するオンラインコミュニティ「ヨッセンスクール ブログ科」に在籍してくださっているみなさん、以前在籍してくださっていたみなさん、「ブログについて教える」という経験を積ませてくださったからこそ、本書が生まれました。心から感謝いたします。

わたしのパートナーである裕子。締め切りに追われているとき、ほとんどの家事をやってくれました。彼女がいなければ締め切りも守れず、本書が完成することはありませんでした。本当にありがとう。

そして、本書を読んでくださったあなたに、心から感謝の気持ちを述べます。本当にありがとうございました。

Special Thanks

内木明美

奥野大児

ごりら

サッシ

しょう

シンゴ（照井伸吾）

タイラー（Tyler Boivin）

ふじたん

へんも

矢野ヨシキ

ヨ ス (本名：矢野洋介)

1976年香川県丸亀市出身のプロブロガー。7年間のネットショップ運営を経てフリーランスWEB制作として独立するも、バセドウ病を患い入院。2013年2月、病院のベッドの上でブログ「ヨッセンス」を開始する。ブログは右肩上がりに成長し、月に100万回以上読まれ、ブログからの収益だけで生活できるようになる。ほかに、英語情報メディア「英語びより」の編集長。ブログを本気で書いている人に向けたオンラインコミュニティ「ヨッセンスクール」主宰。コミュニティでは700名以上にブログの指導をし、人気ブロガーを何人も輩出する。効率化オタクが高じて、書籍『効率化オタクが実践する 光速パソコン仕事術』(KADOKAWA)を出版。

染 谷 昌 利 (そめや まさとし)

1975年生まれ。株式会社MASH代表取締役。12年間の会社員時代からさまざまな副業に取り組み、2009年にインターネット集客や収益化の専門家として独立。現在はブログメディアの運営とともに、コミュニティ運営、書籍の執筆・プロデュース、企業や地方自治体のアドバイザー、講演活動など、複数の業務に取り組むパラレルワーカー。CBCテレビ、読売新聞、『The 21』、『広報会議』、『週刊SPA』などの媒体に掲載。著書に『ブログ飯 個性を収入に変える生き方』(インプレス)、『Google AdSenseマネタイズの教科書[完全版]』(日本実業出版社)、『世界一やさしいブログの教科書 1年生』『世界一やさしい アフィリエイトの教科書1年生』(以上、ソーテック社)など多数。

読まれる・稼げる　ブログ術大全

2020年10月1日　初 版 発 行
2021年4月20日　第3刷発行

著　者　ヨス ©Yosu 2020
監修者　染谷昌利 ©M.Someya 2020
発行者　杉本淳一

発行所　株式会社 日本実業出版社　東京都新宿区市谷本村町3-29　〒162-0845
　　　　　　　　　　　　　　　　大阪市北区西天満6-8-1　〒530-0047

　　　　編集部 ☎03-3268-5651　　振 替　00170-1-25349
　　　　営業部 ☎03-3268-5161　　https://www.njg.co.jp/

　　　　　　　　　　　　　　印刷／厚徳社　　　製本／共栄社

ISBN 978-4-534-05805-8　Printed in JAPAN